高等院校"十三五"规划/创新实验教材系列：生命科学类

生物技术
综合实验

Comprehensive Experiments of Biotechnology

主　编　陆勇军

参　编（按姓氏笔画排序）

王　磊　邓庆丽　丛佩清

张添元　谭红铭

中山大学出版社
SUN YAT-SEN UNIVERSITY PRESS
·广州·

图书在版编目（CIP）数据

生物技术综合实验/陆勇军主编. —广州：中山大学出版社，2017.6

（高等院校"十三五"规划/创新实验教材系列：生命科学类）

ISBN 978 - 7 - 306 - 06040 - 2

Ⅰ. ①生…　Ⅱ. ①陆…　Ⅲ. ①生物工程—实验—高等学校—教材　Ⅳ. ①Q81 - 33

中国版本图书馆 CIP 数据核字（2017）第 085345 号

Shengwu Jishu Zonghe Shiyan

出 版 人：王天琪

策划编辑：谢贞静

责任编辑：谢贞静

封面设计：刘　犇

责任校对：邓子华

责任技编：黄少伟

出版发行：中山大学出版社

电　　话：编辑部 020 - 84110771，84113349，84111997，84110779
　　　　　发行部 020 - 84111998，84111981，84111160

地　　址：广州市新港西路 135 号

邮　　编：510275　传　真：020 - 84036565

网　　址：http://www.zsup.com.cn　E-mail：zdcbs@mail.sysu.edu.cn

印 刷 者：广东虎彩云印刷有限公司

规　　格：787mm×1092mm　1/16　10 印张　300 千字

版次印次：2017 年 6 月第 1 版　2023 年 12 月第 3 次印刷

定　　价：29.00 元

▶ 前　言

　　生物技术学是一门既古老又年轻的应用学科，在一定程度上，可以说生物技术一直伴随并推动着人类文明的进步，生物技术的进展造福了人类的方方面面。进入 21 世纪以来，随着新一代全基因组测序和新型基因编辑技术等的出现，生物技术必将获得更为迅猛的发展，势将对人类社会的各个方面产生更为深刻的影响。生命科学发展的历史证明"技术"的发明和应用在学科发展中具有关键的作用。

　　因此，我们认为，生物技术相关实验知识的教育对于生命科学各专业的本科生来说是非常必要的。而生物技术的核心学科是基因工程。通过基因工程相关实验的学习和操作，学生可以学习到基因工程中克隆、表达、产物纯化（获得高产的目标产物）和产物含量和性质测定等一系列基本实验技能，提高实验设计、实验实施、结果分析、科学表述、有效展示、沟通合作等科学研究素养，体会科学研究的真谛。这也是我们的教学宗旨和编写本教材的目标。

　　本教材是在中山大学原"微生物生理生化及基因工程实验"和"生物化学大实验"等实验课讲义的基础上，根据本学科的发展，通过不断更新和取舍，最终编写而成。教材凝聚了我校相关教师们数十年的心血和教学经验，限于篇幅，就不一一列举贡献者的名字，在此谨对各位前辈老师们表示诚挚的谢意。教材的相关内容曾以讲义的形式在多届学生中使用，受到同学们的广泛好评，也得到了同学们的许多教学建议。

　　有多位老师参与了本教材相关内容的编写，其中陆勇军负责第二编的实验二、七、十、十二和第三编的实验一、二、五、九、十，张添元负责第三编的实验八、十一并与王磊共同编写了第三编的实验四，王磊编写了第二编的实验十一和第三编的三、六、七，邓庆丽编写了第二编的实验六、八、九，丛佩清编写了第二编的实验四、五，谭红铭编写了第二编的实验一、三。最后由陆勇军和丛佩清对全文统稿。特别强调的是，每位老师都参与了各实验内容的讨论、润色和修改，因此，本教材可以说是集体努力的结晶。

　　本教材的出版得到国家自然科学基金委人才培养基金（No. J1310025），广东省教育厅，中山大学教务处、设备处和生命科学学院相关教学经费的资助，特此感谢。由于编者水平有限，书中错漏在所难免，希望各位读者不吝指正。

陆勇军

2017 年 4 月于广州小谷围岛抱膝斋

▶ 内容简介及教学建议

【内容简介】

本教材是与综合性大学"生物技术学"课程内容相对应的实验课程，着重于基础和专业课程知识及实验技术的综合运用，强调基础技能的操作训练和内容的系统性，不一味追求烦难的"最新"技术。教材内容分为两大部分，第一部分是基因工程的基本实验操作，其特点是以基因工程为主线，内容涵盖基因工程的上游技术，包括总RNA 的提取、检测，逆转录 PCR 获得 cDNA，质粒的酶切、连接技术，感受态细胞的制备，质粒的转化、提取、纯化、定量，重组质粒的鉴定，以及下游的生化技术，包括目的基因表达调控，目标蛋白产物的提取、纯化和鉴定等技术。在课程安排上，将以上内容分成相关的 4 个单元，每个实验单元本身既有相对的独立性，单元之间又有紧密的连贯性，形成了"一条龙"的实验流程。这一部分内容的特点是选用的材料直观性强：①以增强型绿色荧光蛋白基因作为操作对象，其重组后表达的产物在可见光和紫外光下即可见其特有的黄绿色荧光，据此可断定其是否重组成功及有无表达；②基因重组子的蓝白斑筛选；③离子交换树脂及亲和层析剂在层析过程中的颜色变化。另外，所设立的实验方法和策略得当，只要操作正确，就会获得结果。

本教材的第二部分属于备选性和探索性实验，主要是第一部分在实验技术和实验材料上的拓展，以及微生物育种、发酵工程和生物化学制备的实验技术。教师可以针对性地选择相关实验内容给有兴趣的同学开设或演示。

【教学建议】

在教学方法上，我们有如下建议：①共同参与：教师讲授每单元内容和实验技术要点，每个同学全程参与，动手操作，包括试剂的配制、仪器的安装调试、样品的处理等；②自主开展：2～4 人一组，实行组长制，各组自主开展每个单元的实验，组长负责协调学生与教师、实验员老师和助教的联系（仪器及试剂的领取）；③开放实验：由于综合实验的性质，我们建议实验室全天开放，由学生们自主安排每个单元的进度，只要各单元实验在规定时间内完成即可。建议的课时和实验安排见后文"生物技术综合实验 - 基本实验部分教学总体安排"和"总体实验流程设计"。

对于采用本教材和本教学建议实施教学的单位，我们可以提供相应的菌株、质粒和教学培训。

目 录

第一编　课程概述

▶

教学目标与要求

（1）通过本课程，学生能学习和熟练掌握一系列生物大分子的制备、分离和纯化的方法和技术，体验基因工程常规操作的完整过程，了解并掌握各种常规生化仪器及发酵器材的使用和保养。

（2）学生能综合运用先修的理论知识和基础实验技能解决本课程的实验问题。

（3）完成本课程后，希望学生能在发现问题、分析和解决问题、逻辑分析能力、团队合作和规范表达等科研素质方面获得进一步的培养和训练，为今后独立从事生物技术及相关学科领域的研究和技术开发奠定基础。

（4）培养学生严谨求实、积极主动的科研作风。

（5）要求学生认真、细致、独立、高效地完成每一个实验。

（6）注重同组之内的有效合作，组间及与老师的良好沟通。

（7）认真撰写并及时上交实验报告，完成期末的实验总结和展示。

▶

如何养成良好的实验习惯

（1）带着有准备的头脑开始实验：实验前的认真预习使你能熟悉本次实验的目的和原理，了解每一步实验操作的步骤和意义，有利于你的实验设计。

（2）及时和如实地记录实验结果：不论成功或失败，实验结果和数据应及时和如实地记录在实验记录本上，能使你正确分析实验的结果，找出失败的可能原因。

（3）定量和准确进行微量操作的习惯：记住基因操作往往是以微克（μg）、纳克（ng）和微升（μL）等为单位进行实验的。

（4）细节决定成败：注意每一个实验细节。

（5）应用统计学方法对你的实验结果进行统计分析，将会使你的结论更加可信。

（6）节约是一种美德，让节约成为你的习惯，使用药品、试剂和各种物品都请注意节约。

（7）整洁的实验环境：实验台面应随时保持整洁，仪器、药品摆放整齐；公用试剂用毕请立即盖严放回原处；实验完毕，仪器须清洁后放好，将实验台面抹拭干净，再离开实验室。

（8）爱护你使用的仪器设备：清洁和使用仪器时，应小心仔细，如有仪器损坏，应如实向教师报告，并填写损坏仪器登记表；使用贵重精密仪器时应严格遵守操作规程，发现故障须立即报告教师，不得擅自动手检修。

（9）良好的课堂纪律：会提高实验的效率，减少人为错误的出现，而迟到、早退和实验过程中的大声谈笑也会影响同组和其他同学的工作。

（10）做好你的值日生工作，包括负责当天实验室的卫生、安全和其他服务性的工作。

（11）最后也是重要的是开展实验前请认真阅读后附的生物实验室安全防护手册。

实验报告撰写要点

（1）如实记录实验现象和数据，包括拍照、画示意图等。

（2）整理实验结果：包括数据统计分析、图片裁切、结果图整理、图片说明等均应按照规范进行。

（3）如实描述实验结果，并对正结果或负结果进行分析，必要时援引文献进行佐证和讨论。

（4）撰写实验意义和实验目的部分。

（5）简要写出实验流程和所用技术及方法。

（6）回答教材中每个实验后面所提的问题。

（7）上交书写和编排整齐、图表清晰和规范的实验报告。

生物技术实验室安全防护常识

1. 安全用电

（1）注意仪器的电压和电流是否符合仪器的负载要求。

（2）严格按照电器使用规程操作，不能随意拆卸和玩弄电器。

（3）严防触电。绝不可用湿手或眼睛旁视时开电闸和电器开关，检查电器设备是否漏电时，应使用试电笔，或将手背轻轻触及仪器表面；凡是漏电仪器一律不能使用。

2. 防止火灾

（1）实验室起火的原因有电流短路，不安全地使用电炉、煤气灯和易燃易爆药物等导致着火。为防患未然，实验必须配备一定数量的消防器材，并按消防规定保管使用，最重要的是每个实验者都应有实验室安全观念，时刻保持警惕。

（2）实验室内严禁吸烟。

（3）使用煤气灯时应先将火种点燃，一手执火种靠近灯口，一手慢慢打开煤气灯，火焰大小和火力强弱应根据实验的需要来调节。煤气灯应随用随关，严防煤气泄漏；用火时应做到火着人在，人走火灭。

（4）乙醇、丙酮、乙醚等易燃品不能直接加热，并要远离火源操作和放置。

（5）实验室内严禁贮存大量的易燃物（如乙醚、丙酮、乙醇，苯等）。应在远离火源处或将火焰熄灭后，才可大量倾倒这些液体。低沸点的有机溶剂不准在火焰上直接加热，只能利用带回流冷凝管的装置在水浴上加热或蒸馏。

（6）离开实验室以前应认真、负责地进行安全检查，关好煤气开关和水龙头，拉下电闸。

3. 严防中毒

（1）化学试剂有相对无毒、中度毒性和剧毒之分，在处理剧毒药物时要特别谨慎、小心。国际上常用某些标志表示不同毒型的实验化学药品。生物危险品或放射性物质存放或操作的实验室也要有指定的标志。生物技术实验中会用到溴化乙啶、氯仿、酚、丙烯酰胺等致癌、有毒和有害物质。

（2）使用毒性物质和致癌物必须根据试剂瓶上标签说明严格操作，安全称量、转移和保管。操作戴手套，必要时戴口罩，并在通风橱中进行。沾过毒性、致癌物的容器应单独清洗和处理。

（3）水银温度计、气量计等汞金属设备破损时必须立即采取措施回收汞，并在污染处撒上一层硫磺粉以防汞蒸气中毒。

（4）所有实验用废弃物如琼脂糖凝胶、滤纸、玻璃碎片等，都要收集在废物桶里，不能倒在水槽内或到处乱扔。

4. 避免烧伤和创伤

（1）使用玻璃、金属器材时注意防止割伤及机械创伤。

（2）浓酸、浓碱腐蚀性很强，必须极为小心地操作，用吸量管量取这些试剂（包括有毒物）时，必须使用橡皮球，绝对不能用口吸取。

5. 预防生物危害

（1）生物材料如微生物、动物的组织、细胞培养液、血液和分泌物都可能存在细菌和病毒感染的潜在危险，如通过血液感染的血清性肝炎就是最大的生物危害之一。感染主要途径除血液外，其他体液也能传递病毒，因此，处理各种生物材料必须谨慎、小心，做完实验必须用肥皂、洗涤剂或消毒液充分洗净双手。

（2）使用微生物作为实验材料时，尤其要注意安全和清洁卫生。被污染的物品必须进行高压消毒或烧成灰烬。被污染的玻璃用具应在清洗和高压灭菌之前立即浸泡在适当的消毒液中。

（3）进行遗传重组操作的实验室更应根据有关规定加强生物伤害的防范措施。

其他实验室安全措施请参看卫生部发布的 WS 233 - 2002 "微生物和生物医学实验室生物安全通用准则" （http：//www. moh. gov. cn/publicfiles//business/htmLfiles/wsb/index. htm）。

6. 实验室警示标识

实验室警示标识见图1-1。

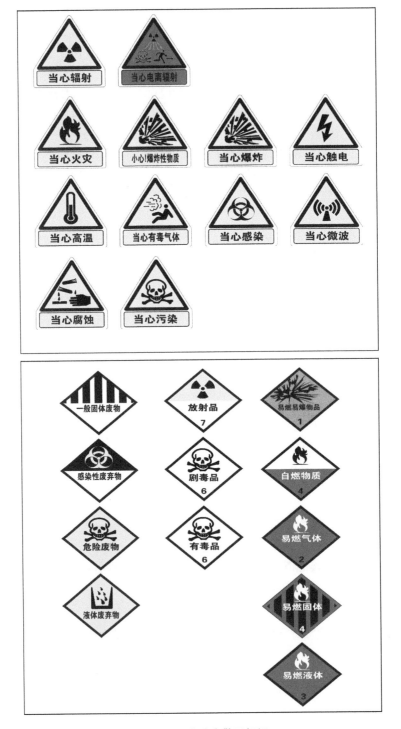

图1-1   实验室警示标识

生物技术综合实验"基本实验"部分教学总体安排

生物技术综合实验"基本实验"部分教学总体安排见表 1 – 1。

表 1 – 1　教学总体安排

周数	天数	教学单元	实验内容
1	4	目的基因的获取	实验一：斑马鱼总 RNA 的提取和纯化 实验二：核酸的检测——琼脂糖凝胶电泳技术 实验三：逆转录 PCR（RT-PCR）
2	4	基因克隆、转化和重组子筛选	实验四：质粒的提取 实验五：PCR 产物的 T 载体克隆 实验六：DNA 的酶切鉴定、回收和连接 实验七：感受态细胞制备及重组质粒的转化 实验八：PCR 法筛选重组克隆
3	4	重组 DNA 在细菌中的表达调控	实验九：重组 DNA 在大肠杆菌中的诱导表达
4	4	表达蛋白的分离纯化及检测、鉴定	实验十：金属螯合亲和层析分离目的蛋白质 实验十一：重组蛋白的 SDS-PAGE 电泳技术 实验十二：Western 印迹鉴定目标蛋白
5	1	考试	笔试和总结报告

注：如果是 8 学时每周或 16 学时每周（即 2 天），则上课周数相应延长。

总体实验流程设计

总体实验流程设计见图 1-2。

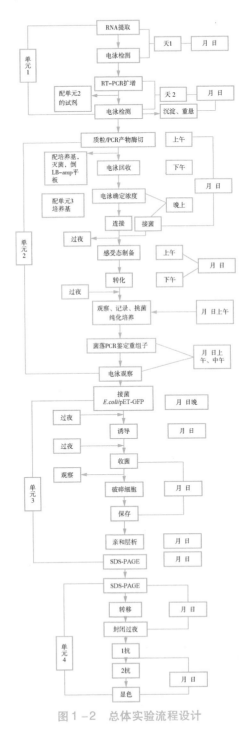

图 1-2 总体实验流程设计

第二编　基本实验

> 实验一
>
> 斑马鱼总 RNA 的提取

【实验目的】

（1）掌握提取总 RNA 的原理和技术。

（2）学习和掌握控制 RNA 酶活性的方法。

【实验原理】

分离纯净、完整的 RNA 对于分子克隆的实验是很重要的，这也是进行基因表达分析的基础。在总 RNA 中，75%～85% 为 rRNA（主要是 28S～26S/23S 或 18S/16S rRNA），其余的由分子量大小和核甘酸序列各不相同的 mRNA 和小分子 RNA 如 tRNA、snRNA 及 snoRNA 等组成。mRNA 一般只占总 RNA 的 1% 左右，而且由于核糖核酸酶（RNase，RNA 酶）广泛存在、活性稳定，其反应也不需要辅助因子，因而在 RNA 的制备过程中只要存在少量的 RNA 酶就难以获得完整的 RNA；而所制备的 RNA 的纯度和完整性又直接影响着 RNA 分析的结果，长度大于 4 kb 的转录本本身存在的几率更小，其对于痕量 RNA 酶的降解也比小转录本更敏感，所以 RNA 的制备与分析操作难度极大，克隆长片段的基因更加是一门艺术。总之在所有 RNA 实验中，归根结底就是防止 RNA 酶的污染，分离到全长的 RNA。

在实验中，一方面要最大限度地抑制内源性的 RNA 酶，因为各种组织和细胞中含有大量内源性的 RNA 酶，所以所有分离提取 RNA 的方案都是在能导致 RNA 酶变性或失活的化学环境中使 RNA 释放出来。另一方面要严格控制外源性 RNA 酶的污染。RNA 酶可耐受多种处理而不被灭活，如煮沸、高压灭菌等。外源性的 RNA 酶存在于操作人员的手汗、唾液等，也可存在于灰尘中。在其他分子生物学实验中使用的 RNA 酶也会造成污染。这些外源性的 RNA 酶可污染器械、玻璃制品、塑料制品、电泳槽、研究人员的手及各种试剂。而为避免 RNA 酶的污染，实验中所用到的全部溶液、玻璃器皿、塑料制品等都需特别处理。

近年来，常用的 RNA 酶抑制剂主要有：①异硫氰酸胍。异硫氰酸胍是目前被认为最有效的 RNA 酶抑制剂，它在裂解组织的同时也使 RNA 酶失活；它既可破坏细胞结构使核酸从核蛋白中解离出来，又对 RNA 酶有强烈的变性作用。②焦碳酸二乙酯（DEPC）。是一种强烈但不彻底的 RNA 酶抑制剂。DEPC 通过和 RNA 酶的活性基团组氨酸的咪唑环反应而抑制酶活性，使用浓度为 $0.05‰\sim0.1‰$。③钒氧核糖核苷复合物。由氧化钒离子和核苷形成的复合物，它和 RNA 酶结合形成过渡态类物质，因而能百分之百地抑制 RNA 酶的活性。其使用浓度为 10 mmol/L。④RNA 酶的蛋白质抑制剂（RNasin）。是一种从大鼠肝或人胎盘中分离出来的酸性糖蛋白。RNasin 是 RNA 酶的一种非竞争性抑制剂，可以和多种 RNA 酶紧密结合形成复合物从而使其失活。⑤其他：SDS、尿素、硅藻土等对 RNA 酶也有一定抑制作用。

总 RNA 制备的方法很多，如：①异硫氰酸胍 – 苯酚法，许多公司有现成的总 RNA 提取试剂盒（如 Trizol 试剂盒，其实质也是异硫氰酸胍 – 苯酚法），从而可快速有效地提取到高质量的总 RNA。②超离心方法，可以获得丰富且质量高的 RNA。缺点是实验时间比较长，要求离心过夜。③其他一些试剂盒，主要是利用某些特定的介质吸附RNA，驱除其他杂质以后，将纯净的 RNA 洗脱下来，这样就可以在短时间内获得纯净的 RNA，但是价格比较昂贵。

目前，最常用的 RNA 纯化方法是使用异硫氰酸胍/酸性酚的一步法。异硫氰酸胍 – 苯酚法的基本过程是：先将样品（以动物的腺体或组织为例）放进匀浆器中加入异硫氰酸胍变性液进行匀浆裂解，再用酸性苯酚（水饱和酚）、氯仿抽提除去 DNA 和变性的蛋白质，最后用异丙醇沉淀出 RNA。Trizol 试剂法进一步提高了 RNA 的提取能力，可以从多种组织和细胞中提取高质量的非降解 RNA。该法甚至可以从最少 100 个细胞或 1 mg 组织中提取 RNA。

本实验采用 Trizol 试剂盒，从斑马鱼中提取总 RNA，以进行反转录获得特异的 cD-NA（参见实验三）。

【试剂与器材】

1. 试剂

（1）Trizol：其含有苯酚、异硫氰酸胍等物质，能迅速破碎细胞并抑制细胞释放出的核酸酶。

（2）氯仿。

（3）异丙醇。

（4）75% 乙醇（需用无 RNA 酶水配置）。

（5）灭菌的 DEPC 水（选做）：量取一定体积的三蒸水，加入 $0.05‰\sim0.1‰$ 的 DEPC，以磁力搅拌器搅拌过夜或者摇床低速振荡过夜，121 ℃高压蒸汽灭菌 50 min，冷却后，作为试剂配制用水。

以下（6）～（9）为选做部分的实验试剂：

（6）变性液（选做）。

表 2 - 1 - 1 变性液的配制

成分	称量	终浓度
异硫氰酸胍	236.32 g	4.0 mol/L
醋酸钠，pH = 7	1.02 g	0.015 mol/L
巯基乙醇	0.7 mL	20 mmol/L
Triton X - 100	2.5 mL	0.5%
NP 40	2.5 mL	0.5%
异戊醇	1.25 mL	0.25%
溶于水至终体积	500 mL	

（7）水饱和酚（选做）。

用 DEPC 处理过的水饱和重蒸酚：取适量重蒸酚，加等体积的 DEPC 处理水，磁力搅拌器搅拌过夜，经常更换上层的水，直到 pH 为 4.0 ~ 5.0 之间。上层仍用水覆盖，置于 4 ℃ 冰箱保存。

（8）酚：氯仿：异戊醇（25：24：1）（选做）。

（9）2 mol/L 醋酸钠（pH 4.0）（选做）。

2. 器材

（1）烧杯（1000，500，100，50 mL 若干）。

（2）量筒（1000，500，250，50，20 mL 若干）。

（3）玻璃棒，药勺，试剂瓶，三角瓶，上列器皿均用锡箔纸密封，然后置 180 ℃ 干烤 5 h。

（4）枪头（1000、200、20 μL），枪头盒。

（5）离心管（1.5 mL、2 mL、7 mL 离心管），上列塑料制品均用含 0.05‰ ~ 0.1‰ DEPC 的水浸泡过夜。

（6）冷冻高速离心机。

（7）超微量蛋白核酸分析仪。

【操作步骤】

1. Trizol Reagent 处理法（参照 Ambion 公司 Trizol 试剂盒）

（1）处理样品：取斑马鱼 1 条，用滤纸稍吸干水，称重后置于研钵内，加入液氮浸没鱼体，连续加两次。把鱼体打碎成小颗粒，冷冻研磨。其间需补充液氮保持低温，磨成面粉状细末为止。注意：要始终保持粉末状，不能成为浆状。

（2）按斑马鱼重量粗略将磨成的粉末分成 4 份，每份约 80 mg（在研钵中分），用液氮冷却过的不锈钢勺挑取 1 份加入预先装有 1 mL Trizol 试剂的管中，共 4 管，用漩涡振荡器剧烈振荡使之分散均匀。振荡后可见小颗粒为正常。

（3）室温静置 5 min。

（4）加入 0.2 mL 氯仿，剧烈振荡 15 s，室温静置 5 min。

（5）室温离心，12 000 r/min，15 min。

（6）小心吸取上层水相约 0.5～0.6 mL，转入另一干净离心管。注意：宁少勿多，不要吸到中间层（细胞碎片及变性的蛋白质）。

（7）加入 0.5 mL 异丙醇，颠倒多次混匀。室温静置 10 min。

（8）室温离心，12 000 r/min，15 min。

（9）小心弃去上清，加入适量（约 0.5 mL）75% 乙醇（需用无 RNA 酶水配制），洗涤沉淀，较轻柔地颠倒几次即可，让沉淀悬浮（为避免把沉淀倒掉，可用移液器吸上清）。

（10）室温离心，8 000 r/min，5 min。

（11）用移液器小心吸去上清，将离心管平卧于干净滤纸上，室温干燥 10 min，至白色沉淀刚消失为好（周边透明，中间有一点白色），勿干透！注：为避免污染，也可放超净工作台干燥。

（12）加入 20～30 μL 超纯水（无 RNA 酶去离子水）溶解后，置冰上或 –20 ℃ 保存备用。

2. 异硫氰酸胍 – 苯酚法（选做）

（1）处理样品：取斑马鱼 1 条，用滤纸吸干水，称重后，取 100～150 mg 加入 1.0～1.5 mL 变性液，置于匀浆器中进行匀浆。

（2）将匀浆后的组织样品（含变性液）移至 7 mL 离心管中，加入 0.1 倍体积的 2 mol/L 醋酸钠（pH = 4.0），加盖并轻轻颠倒混匀。

（3）加入等体积的酚∶氯仿∶异戊醇（25∶24∶1），颠倒混匀，用力振荡 10 s，然后冰上放置 15 min。

（4）离心，4 ℃，10 000 r/min，20 min。

（5）小心吸取上层水相至一个新的离心管。注意：不要吸出中间层（该层富含蛋白质和 DNA）。

（6）加等体积预冷的异丙醇与样品混匀，置 –20 ℃ 30 min 以沉淀 RNA。对于 RNA 含量很少的样品可沉淀过夜以提高回收率。

（7）离心沉淀 RNA，4 ℃，10 000 r/min，15 min。

（8）用移液器吸去上清，将 RNA 沉淀重新悬浮于适量变性液中，置于旋转摇床上多角度摇晃至 RNA 溶解，也可加热到 65 ℃ 促进溶解（时间尽可能短）。

（9）重复步骤（2）～（6）。

（10）用移液器吸去上清，加预冷的 75% 乙醇，洗涤沉淀。

（11）离心，4 ℃，10 000 r/min，15 min，用移液器吸去上清。

（12）真空或室温干燥使样品中的乙醇挥发殆尽，但不宜过分干燥，否则沉淀难以完全溶解。

（13）将 RNA 溶于 20～50 μL 无 RNA 酶的去离子水中。

（14）用超微量蛋白核酸分析仪测定样品在 260 nm 和 280 nm 波长的光密度并初步估计浓度和纯度。

计算浓度：当 OD_{260} 为 1 时，为 40 μg RNA，

样本 RNA 含量（μg/μL）＝ OD_{260} ×稀释倍数×40/1000，

纯度：纯 RNA 样品的 OD_{260}/ OD_{280} 比值为 1.8～2.0。

当 $OD_{260/280}$ ＜1.8 时，提示有蛋白或酚的污染，要重新用酚/氯仿抽提。

（15）用琼脂糖凝胶电泳检测总 RNA 的纯度及质量（参见实验二）。

【注意事项与提示】

实验要求创造一个无 RNA 酶污染的环境。主要包括两个方面的工作，其一，尽力抑制组织细胞中内源性 RNA 酶的活力，并尽可能地去除；其二，极力避免来源于操作者的手及实验的器皿和试剂等外源性 RNA 酶的污染。由于 RNA 酶到处存在，不易失活，极易造成污染而导致 RNA 的降解，造成实验失败，因此建议所有用品均应严格按要求消毒，注明 RNA 专用，严格按无菌操作要求操作。

1. 防止各种试剂、设备中 RNA 酶污染的措施

（1）所有的玻璃器皿均应在泡酸反复冲洗后，于 180 ℃的高温下干烤 6 h 或更长时间。

（2）塑料器皿可用 0.1% DEPC 水浸泡或用氯仿冲洗（注意：有机玻璃器具因可被氯仿腐蚀，故不能使用）。

（3）有机玻璃的电泳槽等，可先用去污剂洗涤，超纯水冲洗，乙醇干燥，再在室温下用 3% H_2O_2 浸泡 10 min，然后用 0.1% DEPC 水冲洗，晾干。

（4）配制的溶液应尽可能地用 0.1% DEPC，在 37 ℃处理 12 h 以上。然后用高压灭菌除去残留的 DEPC。不能高压灭菌的试剂，应当用 DEPC 处理过的无菌超纯水配制，然后经 0.22 μm 滤膜过滤除菌。

（5）设置 RNA 操作专用实验室，所有器械等应为专用。

2. 操作过程中的防范措施

（1）RNA 酶最主要的潜在污染源为研究人员的手及唾沫等。因此，凡与 RNA 的提取有关的一切物品，切记戴手套取之，勿用手直接接触；而且，在实验过程中要勤换手套。

（2）实验台、微量取样器和离心机等实验用具应用 75% 的乙醇擦拭干净。

（3）DEPC 有致癌之嫌，需小心操作。可戴双层一次性手套，一次性口罩以防之。

（4）必须保证塑料制品被 DEPC 水浸透，内部没有气泡，对于枪头和离心管，必要时应用枪逐个用水灌注。

（5）用镊子逐个敲去离心管内的 DEPC 水，装于干烤过的烧杯，用牛皮纸封住杯口，外加锡箔纸密封；尽量敲去枪头内的水，装于处理过的枪头盒，报纸包好。高压蒸汽灭菌 50 min。

（6）实验中可用 DEPC 处理的试剂和容器，加入 DEPC 至 0.1% 浓度，然后剧烈振荡 10 min，再高压灭菌以消除残存的 DEPC，以免其日后抑制其他酶的活性，导致实验失败（DEPC 能和腺嘌呤作用而破坏相关的酶的活性以及 mRNA 活性）。另外，DEPC 能与胺和巯基反应，因而含 Tris 和 DTT 的试剂不能用 DEPC 处理。

（7）Trizol 试剂处理的组织样品加入氯仿处理离心后，分成三层：上层为 RNA，中层白色为变性的蛋白质，下层为基因组 DNA。故移取上清时注意轻缓，不要旋起中间层，以免吸出其中的蛋白质和 DNA 杂质。

3. RNA 提取各步骤中应把握的细节

（1）实验过程中应将组织充分匀浆，一般可先将组织块用剪刀剪碎，以利于快速匀浆。

（2）抽提过程中，由于异硫氰酸胍是 RNA 酶的强抑制剂，在整个实验过程中不会产生 RNA 的降解。但在加入 75% 乙醇洗涤时，以及 RNA 干燥和加水溶解时须防止 RNA 酶的污染。

（3）去除内源性 RNA 酶的方法一般是用酚/氯仿反复抽提，直至中间的蛋白层基本消失。在酚/氯仿抽提过程中，一定要颠倒混匀充分，这样才能使蛋白质充分变性，才能充分去除蛋白质与 RNA 酶。为了提高 RNA 的纯度，我们的经验是至少抽提 3 次以上。

（4）在吸取上清时，切不可将上清与酚交界处的蛋白及下面的酚吸起，造成 RNA 的污染。因此，通常轻轻吸取上清，且留有部分上清，以免搅起紧邻着的酚。

（5）若需抽提大量 RNA 时，以上试剂、试管可按比例放大。所获 RNA 建议分装，以免使用过程中反复冻融。

（6）如果是培养细胞，先收集细胞，用 PBS 缓冲液反复漂洗 3 次，再加 Trizol 溶液混匀细胞，后面的实验过程一致。

【实验安排】

共 1 天：包括提取斑马鱼样品 RNA，检测 RNA 的纯度和浓度，电泳检测 RNA 完整性。

【实验报告要求与思考题】

（1）计算出所提取的总 RNA 的 A_{260}/A_{280} 值以及浓度。

（2）写出 3 种常用的 RNA 酶的抑制剂及其作用机理。

Epoch（美国 Biotech）超微量蛋白核酸分析仪快速操作指南

（1）打开电脑和仪器，仪器自动进行自检，仪器样品托盘自动弹出，提示自检通过，可以进行上样检测。

（2）点击桌面上的软件图标"⌐⌐"，进入欢迎界面。

（3）当进行超微量样品的检测，包括检测 dsDNA、ssDNA、RNA、蛋白质时：使用 Take 3 板，检测前先将样品孔用纯水清洗干净，并用擦镜吸干上下两面。

（4）点击欢迎界面中"任务管理器"栏，再点击里面的"立即检测"中的"Take 3 应用程序"，包括核酸定量和蛋白 A_{280}，选择对应的 Take 3 板（默认）、样品类型和孔类型。

（5）在板布局里设定本底和样品（注意总数只能是偶数），用移液枪加入对应的样品到 Take 3 板孔位置（注意：枪头不要碰到板上），最低 2 μL（样品量 2～3 μL 为最佳），然后合上盖子。

（6）点击"检测"，会弹出提示框，提示放入测试板，然后点击"确定"开始检测。

（7）检测完成后，点击"批准"导出实验结果，实验结果会自动关联到 Excel。

（8）实验结束，用纯水清洗好检测板，最后关闭软件、仪器。

（9）计算 $OD_{260}/_{280}$。根据公式计算浓度：

OD_{260} ×稀释倍数 ×40（单链核酸）（μg/mL）

OD_{260} ×稀释倍数 ×50（双链核酸）（μg/mL）

鉴定 RNA 纯度和浓度的方法

（1）检测 RNA 溶液的吸光度。

260、320、230、280 nm 下的吸光度分别代表了核酸、背景（溶液浑浊度）、盐浓度和蛋白等有机物的值。一般的，我们只看 OD_{260}/OD_{280}（Ratio，R）。当 OD_{260}/OD_{280} 的比值为 1.8～2.0 时，我们认为 RNA 中蛋白或者时其他有机物的污染是可以容忍的，不过用 Tris 作为缓冲液检测吸光度时，R 值可能会大于 2（一般应该是 <2.2）。通过此时的 OD_{260} 值，即可换算出 RNA 的浓度。当 R < 1.8 时，溶液中蛋白或者是其他有机物的污染比较明显，可根据实验需要决定这份 RNA 的命运。当 R > 2.2 时，说明 RNA 已经水解成单核苷酸了。

OD_{260}/OD_{230} 的比值还表明 RNA 的纯度，其值小于 2.0 表明裂解液中有亚硫氰胍和 belta - 巯基乙醇残留，其值大于 2.4，需用乙酸盐，乙醇沉淀 RNA。

（2）RNA 的电泳图谱。

电泳的目的在于检测 28S rRNA 和 18S rRNA 条带的完整性和他们的比值，或者是 mRNA smear 的完整性。一般地，如果 28S rRNA 和 18S rRNA 条带明亮、清晰、条带锐利（指条带的边缘清晰），并且28S rRNA的亮度在18S rRNA条带的两倍以上，则认为RNA的质量是好的（图2-1-1）。通过与标准浓度的分子量标准（marker）进行比对也可以获知RNA的浓度。

方法（1）和方法（2）是两种常用的鉴定RNA纯度和浓度的方法。但如果溶液中有非常微量的RNA酶，用以上方法很难察觉，而大部分后续的酶学反应都是在37℃以上并且是长时间进行的。如果RNA溶液中有非常微量的RNA酶，后续的实验中就会有非常适合的环境和时间发挥它们的作用，而导致实验的失败。下面介绍一个可以确认RNA溶液中有没有残留RNA酶的方法。

（3）保温试验。

从RNA溶液中吸取两份约1000 ng的RNA加入0.5 mL的离心管中，用pH 7.0的Tris缓冲液补充到10 μL的总体积，然后密闭管盖。把其中一份放入70℃的恒温水浴中，保温1 h。另一份放置在-20℃冰箱中保存1 h。随后，取出两份样本进行电泳。电泳完成后，比较两者的电泳条带。如果两者的条带一致或者无明显差别［当然，它们的条带也要符合方法（2）中的条件］，则说明RNA溶液中没有残留的RNA酶污染，RNA的质量很好。相反的，如果70℃保温的样本有明显的降解，则说明RNA溶液中有RNA酶污染。

如果通过了保温实验的检测并且在后续的实验中也非常小心地防范RNA酶，实验应该是很难失败了！

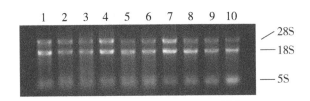

1～10 为不同小组提取的总 RNA 样品

图 2-1-1 斑马鱼总 RNA 提取结果电泳图

> 实验二

核酸的检测——琼脂糖凝胶电泳

【实验目的】

（1）学习琼脂糖凝胶电泳的基本原理。

（2）掌握使用水平式电泳仪的方法。

（3）掌握用琼脂糖凝胶电泳进行 DNA 和 RNA 分析的方法。

【实验原理】

琼脂糖凝胶电泳是基因工程实验室中分离鉴定核酸的常规方法。核酸是两性电解质，其等电点为 pH $2 \sim 2.5$，在常规的电泳缓冲液中（pH 约为 8.5），核酸分子带负电荷，在电场中向正极移动。核酸分子在琼脂糖凝胶中泳动时，具有电荷效应和分子筛效应，但主要为分子筛效应。因此，核酸分子的迁移率由下列几种因素决定：

（1）DNA 的分子大小。

线状双链 DNA 分子在一定浓度琼脂糖凝胶中的迁移速率与 DNA 分子量的对数成反比，分子越大则所受阻力越大，也越难于在凝胶孔隙中移动，因而迁移得越慢。

（2）DNA 分子的构象。

当 DNA 分子处于不同构象，它在电场中移动距离不仅和分子量有关，还和它本身构象有关。相同分子量的线状、开环和超螺旋质粒 DNA 在琼脂糖凝胶中移动的速度是不一样的，超螺旋 DNA 移动得最快，而开环状 DNA 移动最慢。如在电泳鉴定质粒纯度时发现凝胶上有数条 DNA 带难以确定是质粒 DNA 不同构象引起还是因为含有其他 DNA 引起，可从琼脂糖凝胶上将 DNA 带逐个回收，用同一种限制性内切酶分别水解，然后电泳，如在凝胶上出现相同的 DNA 图谱，则为同一种 DNA。

（3）电源电压。

在低电压时，线状 DNA 片段的迁移速率与所加电压成正比。但是随着电场强度的增加，不同分子量的 DNA 片段的迁移率将以不同的幅度增长，片段越大，因场强升高引起的迁移率升高幅度也越大，因此电压增加，琼脂糖凝胶的有效分离范围将缩小。比如，要使大于 2 kb 的 DNA 片段的分辨率达到最大，所加电压不得超过 5 V/cm。

（4）离子强度影响。

电泳缓冲液的组成及其离子强度影响 DNA 的电泳迁移率。在没有离子存在时（如误用蒸馏水配制凝胶），电导率最小，DNA 几乎不移动；在高离子强度的缓冲液中（如误加 $10 \times$ 电泳缓冲液），则电导很高并明显产热，严重时会引起凝胶熔化或 DNA 变性。

溴化乙啶（ethidium bromide，EB）能插入 DNA 分子中形成复合物，在波长为 254 nm 紫外光照射下 EB 能发射荧光，而且荧光的强度正比于核酸的含量，如将已知浓度的标准样品作电泳对照，就可估算出待测样品的浓度。由于溴化乙啶有致癌的嫌疑，所以现在也开发出了安全的染料，如 Sybergreen。

常规的水平式琼脂糖凝胶电泳适合于 DNA 和 RNA 的分离鉴定；但经甲醛进行变性处理的琼脂糖电泳更适用于 RNA 的分离鉴定和 Northern 杂交，因为变性后的 RNA 是单链，其泳动速度与相同大小的 DNA 分子量一样，因而可以进行 RNA 分子大小的测定，而且染色后条带更为锐利，也更牢固结合于硝酸纤维素膜上，与放射性或非放射性标记的探针发生高效杂交。

【试剂与器材】

1. 器材

电泳仪、水平电泳槽、样品梳子、琼脂糖等。

2. 试剂

（1）50 × TAE 1 000 mL（表 2 - 2 - 1）：

表 2 - 2 - 1　TAE 制备

成分	用量
Tris	242 g
冰醋酸	57. 1 mL
EDTA	18. 6 g
无离子水	至 1 000 mL

（2）EB 溶液：100 mL 水中加入 1 g 溴化乙啶，磁力搅拌数小时以确保其完全溶解，分装，室温避光保存。

（3）DNA 加样缓冲液：0.25% 溴酚蓝，0.25% 二甲苯青，50% 甘油（W/V）。

（4）（选配）RNA 甲醛变性胶上样缓冲液：0.25% 溴酚蓝，0.25% 二甲苯青，1 mmol/L EDTA（pH = 8.0），50% 甘油（W/V），用 DEPC 水配制，高压灭菌备用。

（5）（选配）5（甲醛变性胶电泳缓冲液：0.1 mol/L MOPS（pH = 7.0），40 mmol/L 醋酸钠，5 mmol/L EDTA（pH = 8.0），用 DEPC 水配制，过滤除菌，室温避光保存。淡黄色缓冲液可正常使用，深黄色应弃用。

【操作步骤】

1. 常规的水平式琼脂糖电泳

制备琼脂糖凝胶：按照被分离 DNA 分子的大小，决定凝胶中琼脂糖的百分含量；一般情况下，可参考表 2 - 2 - 2：

表 2 - 2 - 2　琼脂糖凝胶制备

琼脂糖的含量（%）	分离线状 DNA 分子的有效范围（kb）
0.3	60 - 5
0.6	20 - 1
0.7	10 - 0.8
0.9	7 - 0.5
1.2	6 - 0.4
1.5	4 - 0.2
2.0	3 - 0.1

（1）制备琼脂糖凝胶。称取琼脂糖，加入 1 × 电泳缓冲液，待水合数分钟后，置微波炉中将琼脂糖融化均匀。在加热过程中要不时摇动，使附于瓶壁上的琼脂糖颗粒进入溶液；加热时应盖上封口膜，以减少水分蒸发。

（2）胶板的制备。将胶槽置于制胶板上，插上样品梳子，注意观察梳子齿下缘应与胶槽底面保持 1 mmol/L 左右的间隙，待胶溶液冷却至 50 ℃ 左右时，加入最终浓度为 0.5 μg/mL 的 EB（也可不把 EB 加入凝胶中，而是电泳后再用 0.5 μg/mL 的 EB 溶液浸泡染色 15 min），摇匀，轻轻倒入电泳制胶板上，除掉气泡；待凝胶冷却凝固后，垂直轻拔梳子；将凝胶放入电泳槽内，加入 1 × 电泳缓冲液，使电泳缓冲液液面刚高出琼脂糖凝胶面；

（3）加样。点样板或薄膜上混合 DNA 样品和上样缓冲液，上样缓冲液的最终稀释倍数应不小于 1 ×。用 10 μL 微量移液器分别将样品加入胶板的样品小槽内，每加完一个样品，应更换一个加样头，以防污染，加样时勿碰坏样品孔周围的凝胶面。注意加样前要先记下加样的顺序和点样量。

（4）电泳。加样后的凝胶板立即通电进行电泳，DNA 的迁移速度与电压成正比，最高电压不超过 5 V/cm。当琼脂糖浓度低于 0.5%，电泳温度不能太高。样品由负极（黑色）向正极（红色）方向移动。电压升高，琼脂糖凝胶的有效分离范围降低。当溴酚蓝移动到距离胶板下沿约 1 cm 处时，停止电泳。

（5）观察和拍照。电泳完毕，取出凝胶。在波长为 254 nm 的紫外灯下观察染色后的或已加有 EB 的电泳胶板。DNA 存在处显示出肉眼可辨的橘红色荧光条带。于凝胶成像系统中拍照并保存之。

2. 在含有甲醛的凝胶上进行的 RNA 电泳（选做）

（1）配制 23 mL 甲醛电泳胶。0.336 g 琼脂糖溶于 20 mL 的 DEPC 水中，冷却至 60 ℃，加入 5 mL 的 5 × 甲醛变性胶电泳缓冲液和 5.5 mL 的甲醛，在通风橱内倒胶，冷却 30 min 后使用。

（2）甲醛变性胶 RNA 样品的制备。1 μL RNA，5 × 甲醛变性胶电泳缓冲液 0.5 μL，甲醛 0.7 μL，甲酰胺 2 μL，65 ℃ 加热 15 min，迅速冰浴，加 1 μL 上样缓冲液和 0.2 μL 的 EB。

（3）配置步骤：

（a）用 3% 过氧化氢浸泡电泳槽、胶板、梳子 30 min 以上。

（b）胶板的制备：按常规琼脂糖电泳法。

（c）预电泳：1 × 甲醛变性胶电泳缓冲液，预电泳 10 min。电压为 5 V/cm。

（d）小心地进行点样，记录样品次序与点样量；然后开始电泳，电压为 3 ～ 4 V/cm。

（e）观察和拍照：在波长为 254 nm 的紫外灯下观察电泳胶板并拍照保存图片。

【注意事项与提示】

（1）EB 是强诱变剂并有中等毒性，易挥发，配制和使用时都应戴手套，并且不要把 EB 洒到桌面或地面上。凡是沾污了 EB 的容器或物品必须经专门处理后才能清洗或丢弃。简单处理方法为：加入大量的水进行稀释（达到 0.5 mg/mL 以下），然后加入 0.2 倍体积新鲜配制的 5% 次磷酸（由 50% 次磷酸配制而成）和 0.12 倍体积新鲜配制的 0.5 mol/L 的亚硝酸钠，混匀，放置 1 天后，加入过量的 1 mol/L 碳酸氢钠。如此处理后的 EB 的诱变活性可降至原来的 1/200 左右。

（2）由于 EB 会嵌入到堆积的碱基对之间并拉长线状和带缺口的环状 DNA，使 DNA 迁移率降低。因此，如果要准确地测定 DNA 的分子量，应该采用跑完电泳后再用 0.5 μg/mL 的 EB 溶液浸泡染色的方法。

（3）总 RNA 的分析：哺乳动物的 RNA 由 28S rRNA、18S rRNA 和 mRNA 以及其他小分子 RNA 组成，28S 和 18S rRNA 处于明显的亮带（相当于 4.5 kb 和 1.9 kb），28S/18S 应为 1.5 ～ 2.5/1；植物、昆虫、酵母和两栖动物的 RNA 带分布较小，一般为 0.5 ～ 3.0 kb；若 28S/18S 小于 1/1，或者出现拖带，说明 RNA 已经有部分降解，如果 28S 和 18S rRNA 大部分已降解，则需重新制备。

【实验安排】

时间共 0.5 ～ 1 天：包括配试剂倒胶，然后跑电泳并观察拍照。

【实验报告要求与思考题】

（1）附上电泳结果的图片并进行正确的标注（图 2 - 2 - 1）；总 RNA 的电泳结果见图 2 - 2 - 1。

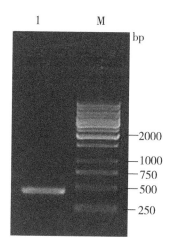

M：1 kb DNA Ladder；1：质粒 DNA

图 2 -2 -1　DNA 的琼脂糖凝胶电泳结果

（2）琼脂糖凝胶电泳中 DNA 分子迁移率受哪些因素的影响？

（3）如果样品电泳后很久都没有跑出点样孔，你认为有哪几方面的原因？

实验三

逆转录 PCR（RT-PCR）

【实验目的】

（1）了解用逆转录 PCR 法获取目的基因的原理。

（2）学习和掌握逆转录 PCR 的技术和方法。

【实验原理】

聚合酶链式反应（PCR）过程利用模板变性、引物退火和引物延伸的多个循环来扩增 DNA 序列。上一轮的扩增产物又作为下一轮扩增的模板，是一个指数增长的过程，使其成为检测核酸和克隆基因的一种非常灵敏的技术。一般经 25～35 个循环就可使模板 DNA 扩增达 10^6 倍。RT-PCR 是将以 RNA 为模板的 cDNA（complement DNA）合成[即 RNA 的逆转录（reverse transcription，RT）]，同 cDNA 的 PCR 扩增结合在一起的技术，提供了一种基因表达检测、定量和 cDNA 克隆的快速灵敏的方法。由于 cDNA 包括了编码蛋白的完整序列而且不含内含子，只要略经改造便可直接用于基因工程表达和功能研究，因此 RT-PCR 成为目前获得目的基因的一种重要手段。

RT-PCR 技术灵敏而且用途广泛，可用于检测细胞中基因表达水平、表达差异，细胞中 RNA 病毒的含量和直接克隆特定基因的 cDNA 序列。RT-PCR 比其他方法包括 Northern 印迹、RNA 酶保护分析、原位杂交及 S1 核酸酶分析在内的 RNA 分析技术，更灵敏，更易于操作。

RT-PCR 的基本原理（图 2-3-1）。首先是在逆转录酶的作用下从 RNA 合成 cDNA，即总 RNA 中的 mRNA 在体外被反向转录合成 DNA 拷贝，因拷贝 DNA 的核苷酸序列完全互补于模板 mRNA，称之为互补 DNA（cDNA）；然后再利用 DNA 聚合酶，以 cDNA 第一链为模板，以四种脱氧核苷三磷酸（dNTP）为材料，在引物的引导下复制出大量的 cDNA 或目的片段。

在 RT 时，有 3 种引物可选择（表 2-3-1）。如果用方法①和②，理论上是扩增的所有的 cDNA，还需要用此产物做 PCR 的模板继续扩增。如果用方法③，先要去相关网站（http：//www. ncbi. nlm. nih. gov）查它的序列，并用 oligo 等软件设计引物。

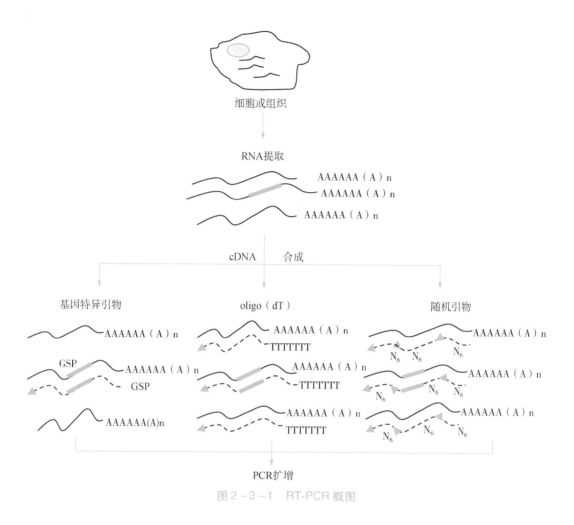

细胞或组织

↓

RNA提取

AAAAAA（A）n
AAAAAA（A）n
AAAAAA（A）n

cDNA　合成

基因特异引物　　　　　　oligo（dT）　　　　　　随机引物

图 2 - 3 - 1　RT-PCR 概图

表 2 - 3 - 1　RT-PCR 引物选择的原则

①随机引物 （random primers）	适用于长的或具有发卡结构的 RNA。适用于 rRNA、mRNA、tRNA 等所有 RNA 的逆转录反应。主要用于单一模板的 RT-PCR 反应。
②Oligo dT （Oligo dT adaptor primer）	适用于具有 PolyA 尾巴的 RNA。由于 Oligo dT 要结合到 PolyA 尾巴上，所以对 RNA 样品的质量要求较高，即使有少量降解也会使全长 cDNA 合成量大大减少。
③基因特异性引物 （gene specific primer，GSP）	与模板序列互补的引物，适用于目的序列已知的情况。

　　RT-PCR 可采用一步法或两步法的形式进行。两步法 RT-PCR 比较常见，在使用一个样品检测或克隆多个基因的 mRNA 时比较有用。在两步法 RT-PCR 中，每一步都在最佳条件下进行。cDNA 的合成首先在逆转录缓冲液中进行，然后取出 1/10 的反应产物进行 PCR。而一步法 RT-PCR 具有其他优点（表 2 - 3 - 2），cDNA 合成和扩增反应在同一

管中进行，不需要打开管盖和转移，有助于减少污染。还可以得到更高的灵敏度，最低可以达到 0.1 pg 总 RNA，整个 cDNA 样品都被扩增。对于成功的一步法 RT-PCR，一般使用基因特异性引物（GSP）起始 cDNA 的合成。

表 2 - 3 - 2　一步法和两步法 RT-PCR 的比较

	两步法	一步法
起始	起始第一链 cDNA 合成使用	起始第一链合成使用
引物	Oligo（dT），随机六聚体，GSP 引物	GSP 引物
优点	·灵活	·方便
	引物选择	扩增酶同逆转录酶预先混合
	扩增酶的选择	转管步骤少，减少污染可能性
	·困难 RT-PCR 的优化能力	·高灵敏度
	·可通过选用不同特性的 DNA 聚合酶和改变反应条件，提高扩增的特异性和忠实性	·适用于大量样品分析
	适用于在单个样品中检测或克隆多个基因的 mRNA	·适用于定量 PCR

　　由图 3.1 不难看出，随机引物法是三种方法中特异性最低的。引物在整个转录本的多个位点退火，产生短的、部分长度的 cDNA。这种方法经常用于获取 5′末端序列及从带有二级结构区域或带有逆转录酶不能复制的终止位点的 RNA 模板获得 cDNA。为了获得最长的 cDNA，需要按经验确定每个 RNA 样品中引物与 RNA 的比例。随机引物的起始浓度范围为 50 ～ 250 ng 每 20 μL 反应体系。因为使用随机引物从总 RNA 合成的 cDNA 主要是核糖体 RNA，所以模板一般选用 poly（A）＋RNA。

　　Oligo（dT）起始比随机引物特异性高。它同大多数真核细胞 mRNA 3′端所发现的 poly（A）尾杂交。因为 poly（A）＋RNA 大概占总 RNA 的 1%～2%，所以与使用随机引物相比，cDNA 的数量和复杂度要少得多。因为其较高的特异性，Oligo（dT）一般不需要对 RNA 和引物的比例及 poly（A）＋选择进行优化。建议每 20 μL 反应体系使用 0.5 μg Oligo（dT）。Oligo（dT）12 - 18 适用于多数 RT-PCR。

　　基因特异性引物（GSP）对于逆转录步骤是特异性最好的引物。GSP 是反义寡聚核苷，可以特异性地同 RNA 目的序列杂交，而不像随机引物或 oligo（dT）那样同所有 RNA 退火。用于设计 PCR 引物的规则同样适用于逆转录反应 GSP 的设计。GSP 可以同与 mRNA 3′最末端退火的扩增引物序列相同，或 GSP 可以设计为与反向扩增引物的下游退火。

　　已经制备好的双链 cDNA 和一般 DNA 一样，可以插入到质粒或噬菌体中，为此，首先必须有适当的接头（linker），接头可以是在 PCR 引物上增加限制性内切酶识别位点片段，经 PCR 扩增后再克隆入相应的载体；也可以利用末端转移酶在载体和双链 cDNA 的末端接上一段寡聚 dG 和 dC 或 dT 和 dA 尾巴，退火后形成重组质粒，并转化到宿主菌中进行扩增。

　　本实验用逆转录 PCR 方法从斑马鱼中获取延伸因子 *EF* - 1*a* 基因。

【试剂与器材】

1. 试剂

（1）总 RNA（或 mRNA）。

（2）RNA 酶抑制蛋白（RNA 酶抑制子）：40 U/mL。

（3）dNTP 混合物（各 10 mmol/L）。

（4）oligo（dT）12 - 18：2.5 μmol/L。

（5）10×逆转录合成缓冲液（10×RT 缓冲液）：250 mmol/L Tris-HCl（pH 8.3），375 mmol/L 氯化钾，15 mmol/L 氯化镁。

（6）AMV 逆转录酶 5 U/μL。

（7）基因特异性 5′和 3′引物各 20 μmol/L。

（8）Taq DNA 聚合酶 5 U/μL。

（9）10×PCR 缓冲液：500 mmol/L 氯化钾，100 mmol/L Tris-HCl，在 25 ℃ 下，pH 9.0，1.0% Triton X - 100，15 mmol/L 氯化镁。

2. 器材

PCR 仪、PCR 管、微量移液器等。

【操作步骤】

1. 逆转录

（1）建立 RT 反应体系（表 2 - 3 - 3）：

表 2 - 3 - 3　RT - PC 反应体系

	每管/组	实配
10×RT 缓冲液	1	12
氯化镁	2	24
dNTP 混合物（各 10 pmol/μL）	1	12
RNA 酶抑制子	0.25	3
AMV 逆转录酶	0.5	6
Oligo dT - 衔接子引物（2.5 pmol/μL）	0.5	6
无 RNA 酶的超纯水	3.75	46
RNA 样本（~500 ng 总 RNA）	1	
合计	10	120

（2）涡旋混匀，30 ℃ 反应 10 min，42 ℃ 反应 30 min，99 ℃ 加热 5 min，4 ℃ 5 min，然后置于冰上。

2. PCR 扩增

（1）建立 PCR 反应体系（表 2 - 3 - 4）：

表 2 - 3 - 4   PCR 反应体系

	每管/组	实配
5 × PCR 缓冲液	10	120
上游特异引物（10 pmol/μL）	1	12
下游特异引物（10 pmol/μL）	1	12
灭菌蒸馏水	27.75	333
Taq 酶	0.25	3
cDNA 一链（反转录产物）	10	
合计	50	600

按实配量配制反应液，混匀后往每管反转录产物管中加入 40 μL，再放回 PCR 仪中，进行 PCR 反应。

（2）将上述反应体系涡旋混匀，按下列程序运行（表 2 - 3 - 5）：

表 2 - 3 - 5   反应步骤

步骤	反应温度	反应时间
步骤 1	94 ℃ 变性	2 min
步骤 2	94 ℃ 变性	30 s
步骤 3	60 ℃ 复性	30 s
步骤 4	72 ℃ 延伸	40 s
步骤 5	72 ℃ 温育	5 min
步骤 6	4 ℃ 保存	5 min

步骤 2～4 运行 30 个循环。注意：其中复性温度主要依据引物的不同而不同。

（3）取 3 μL PCR 产物进行琼脂糖凝胶电泳检测，结果如图 2 - 3 - 2 所示，余下的 PCR 产物于 - 20 ℃ 保存。

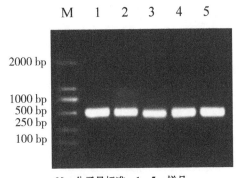

M，分子量标准；1 - 5，样品

图 2 - 3 - 2   PCR 产物的琼脂糖凝胶电泳结果

【注意事项与提示】

（1）逆转录反应过程，需建立无 RNA 酶环境，以避免 RNA 的降解。

（2）成功的逆转录反应决定于高质量的模板 RNA。高质量的 RNA 至少应保证全长并且不含逆转录酶的抑制剂，如 EDTA 或 SDS。此外，RT-PCR 所遇到的一个潜在的困难是 RNA 中沾染的基因组 DNA。使用较好的 RNA 分离方法，如 Trizol 试剂，会减少 RNA 制备物中沾染的基因组 DNA。因此在进行 PCR 反应时应该对每个 RNA 模板进行一个无逆转录的对照反应，以确定扩增出来的片段是来自基因组 DNA 还是 cDNA。在无逆转录时所得到的 PCR 产物来源于基因组。

（3）RT-PCR 的起始模板可以是总 RNA 或 mRNA，两者都可以检测到扩增结果。另外，分离 mRNA 会导致样品间 mRNA 丰度的波动变化，从而使信息的检出和定量产生偏差。然而，当分析稀有基因时，使用 mRNA 会增加检测的灵敏度。

（4）在逆转录反应中经常加入 RNA 酶抑制蛋白以增加 cDNA 合成的长度和产量。RNA 酶抑制蛋白要在第一链合成反应中，在缓冲液和还原剂（如 DTT）存在的条件下加入，因为 cDNA 合成前的过程会使抑制剂变性，从而释放结合的可以降解 RNA 的 RNA 酶。RNA 酶抑制蛋白仅防止 RNA 酶 A、B、C 对 RNA 的降解，并不能防止皮肤上的 RNA 酶，因此尽管使用了这些抑制剂，也要小心试验者的手上 RNA 酶对样品的污染。

（5）建立反应体系时，加完其他反应物后，才加模板 DNA 和 Taq DNA 聚合酶；然后将全部反应物涡旋混匀；上 PCR 仪前加矿物油封盖或设热盖。

（6）PCR 反应的循环数一般 25～30 次就足够了，过多的循环数会造成非特异性扩增和时间的浪费。复性温度的计算，一般是在引物的 Tm 值上下浮动，Tm ＝2（A＋T）＋4（G＋C）。适当提高复性温度可提高 PCR 扩增的特异性。

（7）不管是反转录反应还是 PCR 反应都应先调制试剂的反应混合物（包括无 RNA 酶的超纯水、缓冲液、dNTP 混合物等），然后分装到每个反应管中。这样可使所取的试剂的体积更准确，减少试剂的损失，避免重复分取同一试剂，同时也可以减少实验操作造成的误差。而且分装试剂时务必用新移液枪头，以防止样品间的污染。

（8）AMV 逆转录酶、RNA 酶抑制子、Taq 等酶类，要轻轻地混匀，避免起泡。分取之前要轻轻地离心收集到反应管底部，因其黏度高，所以要慢慢地分取。酶类务必在实验前从 −20 ℃取出，置冰上备用，使用后立即放回 −20 ℃保存。

【实验安排】

完成该实验需要 1 天：包括进行逆转录，PCR 扩增和琼脂糖凝胶电泳检测。

【实验报告要求与思考题】

（1）RT-PCR 产物琼脂糖凝胶电泳结果。
（2）如何提高 RT-PCR 的灵敏度和特异性？

附

1. 逆转录酶及其活性

逆转录酶（reverse 转录酶）又称 RNA 指导的 DNA 聚合酶，是以 RNA 为模板合成 DNA 的酶。这种酶是 1970 年美国科学家特明（H. M. Temin）和巴尔的摩（D. Baltimore）分别于动物致癌 RNA 病毒中发现的。当 RNA 致癌病毒，如鸟类劳氏肉瘤病毒（Rous sarcoma virus）进入宿主细胞后，其逆转录酶先催化合成与病毒 RNA 互补的 DNA 单链，继而复制出双螺旋 DNA，并经另一种病毒酶的作用整合到宿主的染色体 DNA 中，该整合的 DNA 可能潜伏而不表达，等到适合的条件时被激活，利用宿主的酶系统转录成相应的 RNA，其中一部分作为病毒的遗传物质，另一部分则作为 mRNA 翻译成病毒特有的蛋白质。最后，这些 RNA 和蛋白质被组装成新的病毒粒子。在这个过程中，遗传信息流动的方向是从 RNA 到 DNA，正好与转录过程相反，故称反转录（reverset ranscription，RT）。逆转录酶在许多方面与 DNA 聚合酶相似，含 Zn^{2+}，以脱氧核苷三磷酸为底物，从 5′ 到 3′ 合成 DNA，反应需要引物。目前已发现不少动物反转录病毒。

AMV 反转录酶包括两个具有若干种酶活性的多肽亚基，这些活性包括依赖于 RNA 的 DNA 合成，依赖于 DNA 的 DNA 合成以及对 DNA：RNA 杂交体的 RNA 部分进行内切降解（RNA 酶 H 活性）。MLV 反转录酶只有单个多肽亚基，兼备依赖于 RNA 和依赖于 DNA 的 DNA 合成活性，但降解 RNA：DNA 杂交体中的 RNA 的能力较弱，且对热的稳定性较 AMV 反转录酶差。MLV 反转录酶能合成较长的 cDNA（如大于 2～3 kb）。AMV 反转录酶和 MLV 反转录酶利用 RNA 模板合成 cDNA 时的最适 pH 值，最适盐浓度和最适温室各不相同，所以合成第一链时相应调整条件是非常重要。因为 RT-PCR 灵敏度会受 cDNA 合成量的影响，良好的逆转录效果非常重要。研究表明，ThermoScript 比 AMV 的灵敏性强得多。RT-PCR 产物的大小受限于逆转录酶合成 cDNA 的能力，尤其是克隆较大的 cDNA 时。同 MLV 相比，SuperScript II 显著提高了长 RT-PCR 产物的产量。

不管是 M - MLV 还是 AMV，在本身的聚合酶活性之外，都具有内源 RNA 酶 H 活性。RNA 酶 H 活性同聚合酶活性相互竞争 RNA 模板与 DNA 引物或 cDNA 延伸链间形成的杂合链，并降解 RNA：DNA 复合物中的 RNA 链。被 RNA 酶 H 活性所降解的 RNA 模板不能再作为合成 cDNA 的有效底物，降低了 cDNA 合成的产量和长度。因此消除或大大降低逆转录酶的 RNA 酶 H 活性将会大有裨益。研究表明，SuperScript II 逆转录酶，RNA 酶 H - 的 MLV 逆转录酶及 ThermoScript 逆转录酶，RNA 酶 H 的 AMV，比 MLV 和 AMV 得到更多量和更多全长的 cDNA。RNA 酶 H 的逆转录酶同时增加了热稳定性，所以反应可以在高于正常的 37～42 ℃ 的温度下进行。

2. 引物设计一般遵循的原则

（1）典型的引物 20～24 个核苷长。引物需要足够长，保证序列独特性，并降低序列存在于非目的序列位点的可能性。但是太长的引物可能会与错误配对序列杂交降低了特异性，同时因为 比短序列杂交慢，从而降低了产量。

（2）设计5′端和中间区为 G 或 C，且 GC 含量为50%～60% 的引物，以增加引物的稳定性及其与目的序列杂交的稳定性。

（3）3′末端尽量不要富含 GC。设计引物时保证在最后 5 个核苷中含有 3 个 A 或 T。但因为 3′端核苷需要同模板退火以供聚合酶催化延伸，为了避免 3′末端的错误配对，所以末端尽量避免为核苷 A。

（4）在引物对 3′末端尽量避免互补序列以免形成引物二聚体，抑制扩增。如果引物序列可能产生内部二级结构会破坏引物退火稳定性，也要尽量避免。

此外，目的序列上并不存在的附加序列，如限制位点和启动子序列，可以加入到引物 5′端而不影响特异性。

有时候，仅有有限的序列信息可供用于引物设计。比如，如果仅知道氨基酸序列，可以设计简并引物，同时使用较高的引物浓度（1～3 μmol/L），因为许多简并混合物中的引物不是特异性针对目的模板。

为了增加特异性，可以参考密码子使用表，根据不同生物的碱基使用偏好，减少简并性。次黄嘌呤可以同所有的碱基配对，降低引物的退火温度。不要在引物的 3′端使用简并碱基，因为 3′端最后 3 个碱基的退火足以在错误位点起始 PCR。

实验四

质粒的提取

【实验目的】

（1）了解质粒的特性及其在分子生物学研究中的作用。
（2）掌握质粒 DNA 分离和纯化的原理。
（3）掌握碱裂解法分离质粒 DNA 的方法。
（4）学习煮沸法分离质粒 DNA 的方法。

【实验原理】

质粒是细菌内的共生型遗传因子，它能在母代和子代细菌细胞之间垂直遗传或细菌之间横向传递并且赋予宿主细胞特定的表型。质粒载体是在天然质粒的基础上为适应实验室操作而进行人工构建的。与天然质粒相比，质粒载体通常带有一个或一个以上的选择性标记基因（如抗生素抗性基因）和一个人工合成的含有多个限制性内切酶识别位点的多克隆位点序列，并去掉了大部分非必需序列，使分子量尽可能减少，以便于基因工程操作。大多质粒载体带有一些多用途的辅助序列，这些用途包括通过组织化学方法肉眼鉴定重组克隆、产生用于序列测定的单链 DNA、体外转录外源 DNA 序列、鉴定片段的插入方向、外源基因的大量表达等。一个理想的克隆载体大致应有下列一些特性：①分子量小、多拷贝、松弛控制型；②具有多种常用的限制性内切酶的单个酶切位点；③能插入较大的外源 DNA 片段；④具有容易操作的检测表型。常用的质粒载体大小一般在 1～10 kb 之间，如 pBR322、pUC 系列、pGEM 系列和 pBluescript（简称 pBS）等。经过改造的基因工程质粒是携带外源基因进入细菌中扩增或表达的重要媒介，这种基因的运载工具在基因工程中具有极广泛的用途，而质粒的分离与提取则是基因工程最常用、最基本的实验技术。

一般分离质粒 DNA 的方法都包括 3 个步骤：①培养细菌，使质粒 DNA 大量扩增。②收集和裂解细菌。③分离和纯化质粒 DNA。

分离制备质粒 DNA 的方法很多，其中常用的方法有碱裂解法、煮沸法、SDS 法和羟基磷灰石层析法等。在实际操作中可以根据宿主菌株的类型、质粒分子大小、碱基组成和结构等特点以及质粒 DNA 的用途选择不同的方法。本实验介绍最常用的碱裂解法和煮沸法提取质粒 DNA。

1. 碱变性法

碱变性法提取质粒 DNA 是基于染色体 DNA 与质粒 DNA 的变性和复性的差异而达到分离的目的。在 pH 值高达 12.6 的碱性环境中，染色体的线性 DNA 的氢键断裂，双螺旋结构解开而被变性；共价闭环质粒 DNA 的大部分氢键也断裂，但两条互补链不会完全分离，仍会紧密地结合在一起。用 pH 4.8 的醋酸钾或醋酸钠高盐缓冲液调节其 pH 值到中性时，因为共价闭合环状的质粒 DNA 的两条互补链仍保持在一起，因此可以迅速复性；而线性的染色体 DNA 的两条互补链彼此已完全分开，不能复性，它们相互缠绕形成不溶性网状物，而复性的质粒 DNA 恢复原来构型，保持可溶性状态。通过离心，染色体 DNA 与不稳定的大分子 RNA、蛋白质 – SDS 复合物等一起沉淀下来而被除去，用酚 – 氯仿抽提纯化上清液中的质粒 DNA，然后用乙醇或异丙醇将溶于上清液中的质粒 DNA 沉淀。

2. 煮沸法

细胞用含有 TritonX – 100 的缓冲液处理，溶解细胞膜。用溶菌酶酶解细菌细胞，然后在高温条件下，使细胞裂解，破坏细菌细胞壁，有助于解开 DNA 链的碱基对，并使蛋白质和染色体 DNA 变性。而闭环质粒 DNA 配对虽被破坏，但双链彼此不分开，当温度下降时恢复成超螺旋。变性蛋白带着染色体 DNA 一起沉淀下来，质粒 DNA 仍留在上清液中。离心后的上清液再用异丙醇或乙醇处理，沉淀出质粒 DNA。

以上两种制备方法的实验过程中，由于细菌裂解后受到剪切力或核酸降解酶的作用，染色体 DNA 容易被切断成为各种大小不同的碎片而与质粒 DNA 共同存在，因此，采用乙醇沉淀法得到的 DNA 除含有质粒 DNA 外，还可能有少部分染色体 DNA 和 RNA，必要时可进一步纯化。

提取的质粒 DNA 中会含有 RNA，但 RNA 一般并不干扰进一步的实验，如限制性内切酶消化、亚克隆及连接反应等，因此不必除去。

【试剂与设备】

1. 菌种和培养基

（1）大肠杆菌 DH5α（基因型为 F⁻ Φ80 *lacZΔM15* Δ（*lacZYA-argF*）U169 *recA*1 *endA*1 *hsdR*17（rK – , mK + ）*phoA* *supE*44 λ-*thi*-1 *gyrA*96 *relA*1，含质粒 pT-GFP，该质粒为 T 载体联上了绿色荧光蛋白 GFP 基因的重组质粒，其他高拷贝质粒也可）。

（2）LB 液体培养基（Luria – Bertani）：

成分	称量
蛋白胨	10 g
酵母提取物	5 g
氯化钠	10 g
去离子水	800 mL
氢氧化钠	调 pH 至 7.2
去离子水	至总体积 1 L

分装于 150 mL 三角瓶中，每瓶 50 mL，置高压蒸气灭菌锅以 1.034×10^5 Pa，121 ℃ 灭菌 20 min。

（3）氨苄青霉素（Ampicillin，Amp）母液：用无菌水配成 10 mg/mL 水溶液，过滤除菌，分装成小份存于灭菌有盖离心管中，−20 ℃ 保存备用，不宜反复冻融。

2. 试剂

（1）溶液 I：50 mmol/L 葡萄糖，25 mmol/L Tris-HCl（pH 8.0），10 mmol/L EDTA（pH 8.0）。121 ℃ 高压灭菌 15 min，储存于 4 ℃ 冰箱。

（2）溶液 II：0.2 mol/L 氢氧化钠（临用前用 10 mol/L 氢氧化钠母液稀释），1% SDS（从 10% SDS 母液中稀释，SDS 母液可室温保存），现配现用。

（3）溶液 III：5 mol/L 醋酸钾 60 mL，冰醋酸 11.5 mL，蒸馏水 28.5 mL，高压灭菌，4 ℃ 冰箱保存。溶液终浓度为：K^+ 3 mol/L，Ac^- 5 mol/L。

（4）3 mol/L 醋酸钠（pH 5.2）：800 mL 水中溶解 408.1 g 三水醋酸钠，用冰醋酸调 pH 至 5.2，加水定容至 100 mL，分装后高压灭菌，储存于 4 ℃ 冰箱。

（5）STE 缓冲液：0.1 mol/L 氯化钠，10 mmol/L Tris-HCl（pH 8.0），1 mmol/L EDTA（pH 8.0）。

（6）STET：0.1 mol/L 氯化钠，10 mmol/L Tris-HCl（pH 8.0），1 mmol/L EDTA（pH 8.0），5% Triton X−100。

（7）TE 缓冲液：10 mmol/L Tris-HCl（pH 8.0），1 mmol/L EDTA（pH 8.0）。高压灭菌后储存于 4 ℃ 冰箱中。

（8）RNA 酶 A 母液：将 RNA 酶 A 溶于 10 mmol/L Tris-HCl（pH 7.5），15 mmol/L 氯化钠中，配成 10 mg/mL 的溶液，于 100 ℃ 加热 15 min，使残留的 DNA 酶失活。冷却后用 1.5 mL EP 管分装成小份保存于 −20 ℃。

（9）溶菌酶（10 mg/mL）：用 10 mmol/L Tris-HCl，pH 8.0，新鲜配制。

（10）TE 饱和酚。

（11）酚：氯仿：异戊醇（25：24：1）。

（12）将氯仿：异戊醇（24：1）：按氯仿：异戊醇 = 24：1 体积比加入异戊醇。氯仿可使蛋白变性并有助于水相与有机相的分开，异戊醇则可消除抽提过程中出现的泡沫。

（13）电泳所用试剂：①TBE 缓冲液（5×）：称取 Tris 54 g，硼酸 27.5 g，并加入 0.5 mol/L EDTA（pH 8.0）20 mL，定溶至 1 000 mL。②上样缓冲液（6×）：0.25% 溴酚蓝，40%（W/V）蔗糖水溶液。

（14）异丙醇。

（15）70% 乙醇。

3. 设备

超净工作台、微量取液器（20 μL，200 μL，1 000 μL）、台式高速离心机、恒温振荡摇床、高压蒸汽消毒器（灭菌锅）、涡旋振荡器、电泳仪、琼脂糖平板电泳装置和恒温水浴锅等。

【操作方法】

1. 碱变性法小量制备

（1）将含有质粒的 DH5α 菌种划线接种在 LB 固体培养基（含有 100 μg/mL Amp）上，37 ℃培养 12～24 h。用无菌牙签挑取单菌落接种到 5 mL LB 液体培养基（含有 100 μg/mL Amp）中，37 ℃振荡培养 14～16 h。

（2）取 1.5 mL 培养液加入 1.5 mL 离心管中，室温 12 000 r/min 离心 1 min 收集菌体（视菌体量多少，可重复此步）。

（3）加入 100 μL 预冷的溶液 I 涡旋振荡悬浮菌体。

（4）加入新配制的溶液 II 200 μL，轻缓上下颠倒离心 5 次，至溶液澄清（切记不要振荡），冰浴 5 min。

（5）立即加入用冰预冷的 150 μL 溶液 III，轻柔振荡 5～10 次，冰浴 5 min，12 000 r/min 离心 5 min。

（6）取上清移入干净 EP 管中，加入等体积的酚：氯仿：异戊醇（25:24:1），剧烈振荡 20 s。室温下 12 000 r/min 离心 10 min，可见溶液分三层，上层为质粒 DNA 溶液，中层为变性的蛋白层，下层为有机相。

（7）选做取上清，加入 400 μL 氯仿：异戊醇（24:1），剧烈振荡 20 s。12 000 r/min 离心 10 min。

（8）取上清液，加入 2～2.5 倍体积无水乙醇振荡混匀，沉淀 DNA，−20 ℃放置 10 min。或者加 1 倍异丙醇，室温静置 10 min，12 000 r/min 离心 10 min。

（9）去上清液，加入 200 μL 70% 乙醇，12 000 r/min 离心 2 min。洗涤沉淀两次以去盐。

（10）将 EP 管倒置于一张纸巾上，使液体流出，然后短暂离心，用移液器小心取出残液，这一步操作要格外小心，有时沉淀块贴壁不紧，放离心管于超净工作台蒸发痕迹乙醇。（除去上清的简便方法是用一次性使用的吸头与真空管道相连，轻缓抽吸，并用吸头接触液面。当液体从管中吸出时，尽可能使吸头远离核酸沉淀，然后继续用吸头通过抽真空除去附于管的液滴）。

（11）将沉淀溶于 30 μL TE 缓冲液（pH 8.0，含 20 μg/mL RNA 酶 A）中，储于 −20 ℃冰箱中。如直接酶切，可将沉淀溶于 30～50 μL 超纯水（含 20 μg/mL RNA 酶 A）。

（12）利用比色法测定质粒 DNA 在 260 nm 和 280 nm 下的光吸收值并计算样品浓度。

（13）用 1% 琼脂糖凝胶电泳观察质粒 DNA 的纯度和条带情况。

注意事项

（1）市售酚中含有醌等氧化物，这些产物可引起磷酸二酯键的断裂及导致 RNA 和

DNA 的交联，应在 160 ℃用冷凝管进行重蒸。重蒸酚加入 0.1% 的 8 - 羟基喹啉（作为抗氧化剂），并用等体积的 0.5 mol/L Tris-HCl（pH 8.0）和 0.1 mol/L Tris-HCl（pH 8.0）缓冲液反复抽提使之饱和并使其 pH 值达到 7.6 以上，因为酸性条件下 DNA 会分配于有机相。

（2）氯仿可使蛋白变性并有助于水相与有机相的分开，异戊醇则可消除抽提过程中出现的泡沫。

（3）培养时应加入筛选压力（抗生素），否则菌体易污染，质粒易丢失。

（4）使用处于对数期的新鲜菌体（老化菌体导致开环质粒增加），细菌培养时间过长会导致细胞和 DNA 的降解，培养时间不要超过 16 h。

（5）溶液 I 中各成分的作用：葡萄糖的作用是分散细胞，EDTA 是 Ca^{2+} 和 Mg^{2+} 等二价金属离子的螯合剂，其主要目的是为了螯合二价金属离子从而达到抑制 RNA 酶的活性。

（6）溶液 II 加入后 5 min 内快速用溶液 III 中和，防止共价闭和环状质粒 DNA 在强碱环境中暴露时间过长发生不可逆的变性，质粒易被打断；溶液 II 中各成分的作用：氢氧化钠主要是为了溶解细胞，释放 DNA，因为在强碱性的情况下，细胞膜发生了从双层膜（bilayer）结构向微囊（micelle）结构的变化；但氢氧化钠易和空气中的二氧化碳发生反应形成碳酸钠，降低了氢氧化钠的碱性，所以必须用新鲜的氢氧化钠。十二烷基硫酸钠（sodium dodecylsulfate，SDS）与氢氧化钠联用，其目的是为了增强氢氧化钠的强碱性，同时 SDS 能很好地结合蛋白，产生沉淀。

（7）加入溶液 II 和 III 后不要剧烈振荡，防止可能把基因组 DNA 剪切成碎片从而混杂在质粒中。

（8）复性时间也不宜过长，否则会有基因组 DNA 的污染。

（9）酚：氯仿：异戊醇抽提后，应小心吸取含质粒 DNA 的上清溶液，防止吸到位于有机相和水相之间的变性的蛋白质，约可吸到 420 μL。

（10）使用冰乙醇沉淀 DNA，并在低温条件下放置时间稍长可使 DNA 沉淀更完全。

（11）沉淀后应用 70% 的乙醇洗涤，以除去盐离子等。

（12）TE 中的 EDTA 能螯合 Mg^{2+} 或 Mn^{2+} 离子，抑制 RNA 酶活性，pH 值为 8.0，可防止 DNA 发生酸解。

（13）溶液 III 中各成分的作用：溶液 III 中的醋酸钾是为了使钾离子置换 SDS 中的钠离子而形成了十二烷基硫酸钾（potassium dodecylsulfate，PDS），因为 SDS 遇到钾离子后变成了 PDS，而 PDS 是不溶于水的，同时，1 个 SDS 分子平均结合 2 个氨基酸，钾钠离子置换所产生的大量沉淀自然就将绝大部分蛋白质沉淀了；使用 2 mol/L 的醋酸是为了中和氢氧化钠，因为长时间的碱性条件会打断 DNA。基因组 DNA 一旦发生断裂，就不能再被 PDS 共沉淀了，所以碱处理的时间要短，而且不得激烈振荡，否则最后得到的质粒上总会有大量的基因组 DNA 混入，琼脂糖凝胶电泳时可以观察到一条总 DNA 条带；75% 酒精主要是为了清洗盐分和抑制 DNA 酶。

（14）得到的质粒样品一般用含 RNA 酶 A（50 μg/mL）的 TE 缓冲液进行溶解，不然大量未降解的 RNA 会干扰电泳的结果。用琼脂糖电泳进行质粒 DNA 鉴定时，多数情况下能看到 3 条带，即超螺旋、线性和开环条带。

2. 煮沸法小量制备

（1）取 1.5 mL 培养菌体置于离心管中，以 10 000 r/min 离心 1 min。

（2）弃上清，将管倒置于卫生纸上几分钟，使液体流尽。

（3）将菌体沉淀悬浮于 350 μL STET 溶液中，涡旋混匀。

（4）加入 25 μL 新配制的溶菌酶溶液（10 mg/mL），涡旋振荡 3 s 混匀。（溶菌酶溶液 pH 值不能低于 8.0，否则溶菌酶就不能有效发挥作用。）

（5）将离心管放入沸水浴中温育 40 s，以 12 000 r/min 离心 10 min。

（6）吸出上清移至另一个离心管中，或直接用消毒牙签取出沉淀物，在上清中加入 40 μL 5 mol/L 醋酸钠（pH 5.2）和 420 μL 异丙醇，振荡混匀，室温放置 5 min。

（7）于 12 000 r/min，4 ℃离心 5 min，将 EP 管倒置于一张纸巾上，使液体流出，然后短暂离心，用移液器小心取出残液（这一步操作要格外小心，有时沉淀块贴壁不紧），放离心管于超净工作台蒸发痕迹乙醇，管内无可见的液体（约需要 2~5 min）。

（8）加入 1 mL 70% 乙醇，12 000 r/min，4 ℃离心 2 min。按步骤 7 回收核酸沉淀。

（9）加入 50 μL TE（pH 8.0）（含无 DNA 酶的 RNA 酶 A 20 μg/mL），溶解 DNA，稍加振荡，储存于 -20 ℃。

注意事项

（1）当从表达内切核酸酶 A 的大肠杆菌株（endA$^+$ 株，如 HB101）制备质粒时，建议不使用煮沸法。因为煮沸步骤不能完全灭活内切核酸酶 A，以后在 Mg^{2+} 存在下温育时，质粒 DNA 可被降解；用 70% 乙醇洗涤前增加用酚：氯仿进行抽提步骤，可避免此问题。

（2）试验步骤中的细菌沉淀和核酸沉淀中去除上清液时，一定要除尽液体，否则质粒 DNA 不能被限制酶完全切割。

（3）煮沸法中添加溶菌酶有一定限度，浓度高时，细菌裂解效果反而不好。

3. 碱变性法大量制备

（1）从平板上挑选一个单菌落，接种到 50 mL 培养基中，37 ℃过夜培养 14~16 h。

（2）将培养物转入 50 mL 离心管，4 800 r/min 4 ℃离心 10 min。

（3）沉淀用 10 mL STE 洗涤，涡旋混匀，4 800 r/min 4 ℃离心 10 min。

（4）加入 3 mL 溶液 I，涡旋震荡，冰浴 5 min。

（5）加入 6 mL 溶液 II（现用现配），轻柔颠倒数次直至溶液澄清，保持冰浴 5 min。

（6）马上加入溶液 III 4.5 mL，轻柔颠倒 5~10 次，得到白色沉淀，冰浴 3~5 min。

（7）4 800 r/min 4 ℃离心 20 min，取上清，加入 0.6 倍体积异丙醇，室温放置 10 min，沉淀 DNA。

（8）4 800 r/min 室温离心 10 min，去上清，加入 75% 乙醇，洗涤沉淀。

（9）4 800 r/min 离心 10 min，去上清，吸出痕量剩余乙醇，室温风干。

（10）加入 1.5 mL TE 溶液，溶解沉淀，转入 7 mL 离心管。

（11）加入等体积 5 mol/L LiCl（预冷），颠倒混匀，冰浴 10 min，沉淀大分子 RNA。

（12）10 000 r/min 4 ℃ 离心 10 min，取上清，加入等体积异丙醇，颠倒混匀，室温放置 10 min。

（13）10 000 r/min 室温离心 10 min，室温放置 20～30 min。用 700 μL 含无 DNA 酶的胰 RNA 酶（20 μg/mL）的 TE（pH 8.0）溶解沉淀。

（14）转移至 1.5 mL 离心管，加入等体积 13% PEG8000/1.6 mol/L 氯化钠，混匀，冰浴 10 min，沉淀质粒 DNA。

（15）12 000 r/min 离心 10 min，去上清，加入 1 mL 75% 乙醇，洗涤沉淀。

（16）12 000 r/min 离心 10 min，去上清，吸出痕量剩余乙醇，室温风干。

（17）加入 600 μL TE 溶液溶解沉淀。

（18）酚、酚∶氯仿∶异戊醇、氯仿∶异戊醇各抽提 1 次，去除蛋白。

（19）将上清转移至另一离心管，加入 1/10 体积 3 mol/L 醋酸钠，2 倍体积无水乙醇，4 ℃ 沉淀 10 min。

（20）12 000 r/min 离心 10 min，去上清，加入 1 mL 75% 乙醇，洗涤沉淀。

（21）12 000 r/min 离心 10 min，去上清，吸出痕量剩余乙醇，风干。

（22）加入 200 μL 无菌的无离子水，溶解质粒。

附

聚乙二醇沉淀法质粒 DNA

本方法（R. Tresman, *et al*）已卓有成效地用于纯化碱裂解法制备的质粒 DNA。

（1）将核酸溶液［操作方法 3（22）］转入 15 mL Corex 管中，再加 3 mL 用冰预冷的 5 mol/L 氯化钾溶液，充分混匀，用 Sorvall SS34 转头（或与其相当的转头）于 4 ℃ 下以 10 000 r/min 离心 10 min。氯化钾可沉淀高分子 RNA。

（2）将上清转移到另一 30 mL Corex 管内，加等量的异丙醇，充分混匀，用 Sorvall SS34 转头（或与其相当的转尖）于室温以 10 000 r/min 离心 10 min，回收沉淀的核酸。

（3）小心去掉上清，敞开管口，将管倒置以使最后残留的液滴流尽。于室温用 70% 乙醇洗涤沉淀及管壁，流尽乙醇，用与真空装置相连的巴其德吸管吸去附于管壁的所有液滴，敞开管口并将管倒置，在纸巾上放置几分钟，以使最后残余的痕量乙醇蒸发殆尽。

（4）用 500 μL 含无 DNA 酶的胰 RNA 酶（20 μg/mL）的 TE（pH 8.0）溶解沉淀，将溶液转到一微量离心管中，于室温放置 30 min。

（5）加 500 μL 含 13%（W/V）聚乙二醇（PEG 8000）的 1.6 mol/L 氯化钠，充分混合，用微量离心机于 4 ℃ 以 12 000 r/min 离心 5 min，以回收质粒 DNA。

（6）吸出上清，用 400 μL TE（pH 8.0）溶解质粒 DNA 沉淀；用酚、酚：氯仿、氯仿各抽 1 次。

（7）将水相转到另一微量离心管中，加 100 μL 10 mol/L 乙醇胺，充分混匀，加 2 倍体积（约 1 mL）乙醇，于室温放置 10 min，于 4 ℃以 12 000 r/min 离心 5 min，以回收沉淀的质粒 DNA。

（8）吸去上清，加 200 μL 乙醇于 4 ℃以 12 000 r/min 离心 2 min。

（9）吸去上清，敞开管口，将管置于实验桌上直到最后可见的痕量乙醇蒸发殆尽。

（10）用 500 μL TE（pH 8.0）溶解沉淀，取一定量用 TE（pH 8.0）1：100 稀释后测量 OD_{260} 值，计算质粒 DNA 的浓度（1 OD_{260} = 50 μg 质粒/mL），然后将 DNA 贮于 -20 ℃。

常见问题及可能原因

（1）提取的质粒 DNA 不纯：变性不充分；关键步骤反应时间过短；离心时间或速度不够。

（2）提取的质粒 DNA 呈涂布状：操作过程中用力过猛，动作过大；操作系统内有污染。

（3）与染色体 DNA 分离不全：变性过程不完全；试剂配制有问题（成分、浓度或pH）。

Omega 质粒提取试剂盒小量提取质粒 DNA

目前已有各种商业化质粒提取试剂盒供选用。各类试剂盒的质粒 DNA 提取原理都大同小异。下面以 Omega 公司研发的质粒提取试剂盒为例，介绍小量提取质粒 DNA 的方法。

（1）将带有目的质粒的 *E. coli* 接种于 Amp-LB 培养管中，37 ℃摇床培养 12～16 h，以扩增质粒。

（2）取 1.5～5.0 mL 的菌液，于室温下以 10 000 r/min 离心 1 min 以沉淀细菌。

（3）倒出或吸出培养基，往沉淀中加入 250 μL 溶液 Ⅰ/RNA 酶 A 混合液，涡漩振荡使细胞完全悬浮（细胞沉淀的完全重悬对于获得高产量质粒 DNA 十分重要）。

（4）往重悬混合液中加入 250 μL 溶液 Ⅱ，轻轻颠倒混匀 7～10 次。避免剧烈混合裂解液，否则会使染色体 DNA 断裂而使得到的质粒纯度降低。裂解反应不要超过 5 min（当使用完 溶液 Ⅱ 以后，须盖紧其瓶盖保存好，避免与空气中的 CO_2 反应）。

（5）往上述混合液中加入 350 μL 溶液 Ⅲ，并温和地上下颠倒离心管数次混匀，直至形成白色絮状沉淀。

（6）室温下大于 12 000 r/min 离心 10 min（提高离心速度有利于沉淀贴壁更加紧密）。

（7）取一干净的 HiBind® 微型柱（Ⅰ）装在一个 2 mL 收集试管上。小心转移上清液至柱子内，室温下 10 000 r/min 离心 1 min，使裂解液完全流过柱子。弃去收集管中的滤液。

（8）加入 500 μL 缓冲液 HB 至柱子，室温下 10 000 r/min 离心 1 min 洗涤柱子，确保除去残余的蛋白质以得到后面操作所需的高质量 DNA。

（9）弃去收集管中的滤液，加入 700 μL DNA 洗涤缓冲液至柱子，室温 10 000 r/min 离心 1 min，去洗涤液。再用 700 μL DNA 洗涤缓冲液洗涤 1 次。

（10）室温下以 10 000 r/min 离心空柱 2 min 以甩干柱子基质，以除去乙醇。

（11）把柱子置于一干净的 1.5 mL 离心管上，加入 20 μL 无菌去离子水到柱子基质上，室温下静置 2 min。10 000 r/min 离心 2 min 以洗脱出 DNA。

（12）检测质粒 DNA 浓度。

【实验安排】

实验需要两天：第一天配制所需的各种试剂及培养基，装好枪头、离心管、牙签等耗材，接种摇菌；第二天收取培养物提取质粒 DNA，比色和电泳检测 DNA 的浓度（图 2-4-1）和纯度以备酶切。

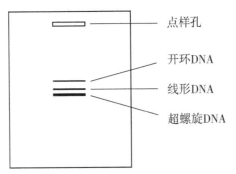

图 2-4-1　质粒 DNA 的琼脂糖凝胶电游示意图

【实验报告要求与思考题】

（1）提交质粒 DNA 的浓度结果及电泳检测图谱。

（2）质粒的基本性质有哪些？

（3）碱法提取质粒 DNA 的过程中，溶液 Ⅰ、Ⅱ、Ⅲ 的生化作用原理分别是什么？

（4）在碱法提取质粒 DNA 操作过程中应注意哪些问题？

实验五

PCR 产物的 T 载体克隆

【实验目的】

（1）学习和掌握常用 PCR 产物克隆方法的原理。

（2）掌握 PCR 产物的 T – vector 克隆的操作方法。

【实验原理】

常用的 PCR 产物克隆方法有以下三种：

1. "A" 尾 PCR 产物的 T 载体直接克隆

Taq DNA 聚合酶有类似于 TdT 酶的非模板依赖性延伸活性，而且对 dATP 优先聚合。因此，大部分 Taq DNA 聚合酶进行 PCR 反应时都有在 PCR 产物的 $3'$ 端添加一个 "A" 的特性。利用这一特性，可构建一种线性化 ddT 或 dT 加尾的 T 载体，对 PCR 产物进行直接克隆。这种克隆方法操作简单，效率也较高。

商品化的 T 载体有很多。本实验采用 TaKaRa 公司的 pMD-20T 载体。这个载体以 pUC19 载体为基础，经 EcoR V 酶切后在两侧的 $3'$ 端添上 " T " 制备而成。

2. PCR 产物的双酶切粘端克隆

在两个 PCR 引物分别引入 1 个与载体相应的酶切位点。分别对 PCR 产物以及载体进行相同的双酶切，用 T4 DNA 连接酶连接后转化宿主菌。这种克隆方法效率较高，且双酶切可有效地定向克隆 PCR 产物。其缺点是需要加长 PCR 引物，除限制酶识别序列外，还需要在其 $5'$ 端多合成 $3 \sim 4$ 个碱基以利于限制性内切酶与 PCR 产物末端的稳定结合，保证酶切的顺利进行。

3. 平末端 PCR 产物的直接克隆

这种情况主要是针对高保真的聚合酶比如 Stratagene 公司的 Pfu 酶，New England Biolabs 公司的 Vent 酶，以及 QIAGEN 公司的具有热启动功能的高保真 ProofStart 酶等。由于这类酶有很强的校读功能，能够以模板为准切掉错配的碱基，因而得到的 PCR 产物多数是平末端，不能直接用 T 载体克隆，而是需要克隆到平末端酶切载体上。平末端的连接效率低，通常需要高浓度的连接酶，较长的连接时间，合适的插入片断与载体之间的比例，有的时候还需要调整反应体系的 ATP 浓度或者增加聚乙二醇（PEG2000），以得到较高的连接效率。目前也有商业化的平末端 PCR 产物克隆试剂盒。如 New England Biolabs 公司的 5 min 快速连接试剂盒，能够简化平端连接步骤和条件，缩短连接时间，提高连接效率。

另外，对于平末端 PCR 产物，也可考虑使用上述方法 1，这需要先通过一般的 Taq DNA 聚合酶对平末端 PCR 产物加上"A"尾。当然，也可考虑使用上述方法 2。

【试剂与器材】

1. 试剂

（1）LB 液体培养基。
（2）LB/Amp 平板。
（3）胶回收 PCR 产物（如小鼠 FasL cDNA）。
（4）pMD-20T 载体试剂盒（TaKaRa 公司产品）。

2. 器材

低温水浴箱、台式高速离心机、微量移液器等。

3. 菌株

大肠杆菌 DH5α 感受态细胞。

【操作步骤】

（1）在 0.5 mL EP 离心管中配制下列 DNA 溶液，总体积为 5 μL（表 2-5-1）。

表 2-5-1   DNA 溶液的配制

成分	体积或用量
pMD20-T 载体	1 μL
插入 DNA（Insert DNA）	0.1～0.3 pmol
超纯水（Mili Q H_2O）	至 5 μL

（2）加入 5 μL（等量）的溶液 Ⅰ。
（3）16 ℃ 反应 30 min 以上。
（4）全量（10 μL）加到 100 μL 的 DH5α 感受态细胞中，冰浴放置 30 min。
（5）42 ℃ 热激 45 s 后，冰浴 1 min。
（6）加入 890 μL 的 LB 培养基，37 ℃ 振荡培养 60 min。
（7）取 50 μL～100 μL 涂布在含有 Amp 的 LB 平板上，37 ℃ 培养过夜形成单菌落。
（8）挑取单菌落，使用限制性内切酶法或 PCR 法鉴定插入片断大小。

【注意事项与提示】

（1）克隆时使用的插入 DNA 片断（PCR 产物）最好进行胶回收纯化，否则 PCR 产物中的短片断 DNA、残存引物等杂质会影响 TA 克隆效率。

（2）连接反应应在 25 ℃以下进行，温度升高较难形成环状 DNA，影响连接效率。长片段 PCR 产物（2 kb 以上）进行连接时，连接反应时间应延长至数小时。

（3）进行克隆时，应根据实验情况选择合适的摩尔数比，载体 DNA 和插入 DNA 的摩尔数比一般为 1：2～10。

（4）试剂盒配有对照 DNA（Control DNA），可通过对照实验判断试剂盒的保存效果以及感受态的转化效率。

【实验安排】

第一天上午连接反应和配试剂，下午转化。
第二天从转化平板挑取单菌落接种作酶切或 PCR 鉴定。

【实验报告要求与思考题】

（1）PCR 产物的 T - 载体克隆方法，应注意哪些操作环节？
（2）和其他组结果比较，对本组实验结果进行分析。
（3）对于用高保真 Taq DNA 聚合酶扩增的 PCR 产物，如何进行克隆？

▶ 实验六

DNA 的酶切、回收及连接

【实验目的】

（1）掌握 DNA 酶切、回收和连接的基本原理。

（2）学习和掌握限制性内切核酸酶的使用方法，DNA 回收和连接的常用方法，完成外源片段的亚克隆。

【实验原理】

（1）限制性内切核酸酶是在原核生物中发现的一类专一识别双链 DNA 中特定碱基序列的核酸水解酶，它们的功能类似于高等动物的免疫系统，用于抗击外来 DNA 的侵袭。现已发现几百种限制性内切核酸酶，它们以内切方式水解核酸链中的磷酸二酯键，产生的 DNA 片段 5′端为 P，3′端为 OH。由于限制性内切核酸酶能识别 DNA 特异序列并进行切割，因而在基因重组、DNA 序列分析、基因组甲基化分析、基因物理图谱绘制及分子克隆等技术中收到广泛应用。酶活力通常用酶单位（U）表示，酶单位的定义是：在最适反应条件下，1 小时完全降解 1 μg DNA 的酶量为一个单位。

（2）DNA 的酶切反应：分子生物学中经常使用的是 Ⅱ 型限制性内切核酸酶，它能识别双链 DNA 分子中特定的靶序列（4～8 bp），并在该序列内切断 DNA，形成特有的粘末端或平端。

（3）酶切片段回收方法：内切核酸酶消化的 DNA 片段，在适当浓度的琼脂糖凝胶中，通上一定电压进行电泳，不同大小的 DNA 分子由于迁移率的不同而分离开；切下带有所需 DNA 片段的凝胶，用冻融法、玻璃奶回收法或商品化胶回收试剂盒将目的片段回收纯化。

（4）DNA 的连接：在 T4 DNA 连接酶的作用下，平端或带有相同黏性末端的 DNA 分子可以连接上。DNA 连接酶的作用分三步：（a）T4 DNA 连接酶与辅助因子 ATP 形成酶 – AMP 复合物；（b）酶 – AMP 复合物再结合到具有 5′ – 磷酸基团和 3′ – 羟基切口的 DNA 分子上，使 DNA 腺苷化；（c）产生一个新的磷酸二酯键，把缺口封起来。

（5）以上连接反应的最适温度为 37 ℃。但是在这个温度下，黏性末端的氢键结合点是不稳定的。一般限制性内切酶作用所产生的末端，仅仅通过 4～5 个碱基对相结合，不足以抵抗该温度下的热运动。因此在实际操作时，DNA 分子黏性末端的连接反应，其最适温度是采取催化反应与末端黏合这两者反应温度的折中，一般采用 16 ℃（或者 12 ℃）连接过夜。

【试剂与器材】

1. 试剂

（1）限制性内切酶 *Kpn* I 及 M 10×缓冲液。

（2）限制性内切酶 *Xbal* I 及 M 10× 缓冲液。

（3）T4 DNA 连接酶及 10× 连接酶缓冲液。

（4）TAE 电泳缓冲液或 TBE 电泳缓冲液。

（5）琼脂糖。

（6）6× 电泳加样缓冲液：0.25% 溴粉蓝，40%（W/V）蔗糖水溶液，贮存于 4 ℃。

（7）SYBR Green 、SYBR Gold 或 EB。

（8）3 mol/L 醋酸钠（pH 5.2）。

（9）70% 乙醇。

（10）DNA 胶回收试剂盒（Omega 公司）。

2. 器材

水平式电泳装置、电泳仪、台式高速离心机、恒温水浴锅、微量移液枪、微波炉或电炉、紫外透射仪、凝胶成像系统或其他照相设备

3. 菌株和质粒

（1）菌株：感受态大肠杆菌 *DH5α* ［F － Φ80 *lacZΔM*15 Δ（*lacZYA － argF*）U169 *recA*1 *endA*1 *hsdR*17（rK－，mK＋）*phoA supE*44 λ － *thi* － 1 *gyrA*96 *relA*1］。

（2）质粒：pMD18 － T Vector（图 2 － 6 － 1）或 pMD18 － T Simple Vector。

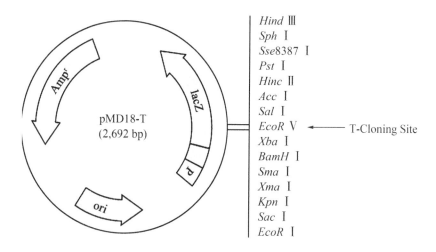

图 2 － 6 － 1 pMD™ 18 － T Vector 载体示意图

【操作方法】

1. 酶切反应

（1）在灭菌的 0.5 mL EP 离心管中分别加入质粒 DNA 1 μg 和相应的 10× 酶切缓冲

液 2 μL，再加入灭菌重蒸水至酶切总体积为 20 μL，将管内溶液混匀后加入 1 μL 酶液，用手指轻弹管壁使溶液混匀或用微量离心机甩一下，使溶液集中在管底。如果是同一条件下进行多个酶切反应，建议统一加好相同的组分后混匀分装，最后加入 DNA 样品（表 2 - 6 - 1）。

表 2 - 6 - 1　酶切反应加样

10 × 内切酶缓冲液	2 μL
DNA	1 μg
超纯水（ddH₂O）	调整加样量至总体积 20 μL
限制性内切核酸酶	1 μL（3～5 U）
总体积	20 μL
37 ℃温浴 2～3 h（可根据需要按比例适当放大反应体积）	

（2）混匀反应体系后，将 EP 离心管置于适当的支持物上（如插在泡沫塑料板上），37 ℃水浴保温 2～3 h，使酶切反应完全。

（3）每管加入 2 μL 0.1 mol/L EDTA（pH 8.0），混匀，以停止反应，或置 65 ℃水浴中 10 min，对限制性内切酶进行灭活，不同的酶灭活条件可能不同，可参照说明书进行。灭活后的酶切溶液置于冰箱中保存备用。

（4）1% 琼脂糖凝胶电泳，参照 DNA 分子量标准检测酶切效果及 DNA 片段大小。

2. 胶回收试剂盒回收酶切片段（以 Omega 公司 Gel Extraction Kit 为例）

（1）酶切样品 1% 琼脂糖电泳，在紫外透射仪下，用刀片将目的 DNA 区带小心切下，尽量切除不含 DNA 的凝胶，将含目的 DNA 区带的凝胶块放在 EP 离心管中。

（2）把所割胶放入 1.5 mL EP 离心管，称重（预先称好空管重量）。

（3）按 1 g/mL 的量，加入结合缓冲液，55～65 ℃水浴 7 min。

（4）把溶液转移至吸附柱，10 000 r/min 离心 1 min，倒出套管内残液。

（5）在柱子中加入 300 μL Binding 缓冲液，以 10 000 r/min 离心 1 min，倒出套管内残液。

（6）在柱子中加入 700 μL 的 SPW 溶液，放置 2～3 min，10 000 r/min 离心 1 min，去残液。

（7）以 10 000 r/min 离心 1 min，去乙醇。

（8）把柱子放入干净的 1.5 mL EP 管，加灭菌超纯水 20 μL，放置 1 min，以 10 000 r/min 离心 1 min。

（9）检测 DNA 纯度。

3. DNA 片段的连接

（1）取 3 支灭菌的 EP 离心管，1 支做重组连接，1 支做载体 DNA 自连对照，1 支做载体 DNA 无连接酶对照。

（2）确定载体 DNA 和外源 DNA 的浓度，计算每微升 DNA 所含的摩尔数，确定总反应体积，将载体 DNA 和外源 DNA 以摩尔数比约为 1：3 的比例设计体积。

表 2 - 6 - 2　连接反应加样

成分	用量
超纯水（ddH₂O）	调整加样量至总体积 10 μL
10 × T4 DNA 连接酶缓冲液	1 μL
外源 DNA	载体 DNA 和外源 DNA 的摩尔数比约为 1：2～10，可根据回收 DNA 的浓度设计反应体积
载体 DNA（pMD18 - T 载体）	
T4 DNA 连接酶	0.1 μL（NEB，400 U/μL）
总体积	10 μL

（3）按无菌超纯水、10 × T4 DNA 连接酶缓冲液、DNA 样品顺序依次加样，最后加 T4 DNA 连接酶至总体积 10 μL，弹匀，短暂离心。

（4）置 16 ℃水浴中连接过夜（14～16 h），或者置 20 ℃或 25 ℃连接 2 h。

（5）连接产物可直接转化大肠杆菌或存于 4 ℃冰箱中备用。

注意事项

（1）酶切时应尽量将影响酶切的因素降低到最小，影响限制性内切酶活性的因素包括：①酶切割位点周围核苷酸两侧的碱基的性质；②识别序列在 DNA 中的分布频率；③与 DNA 的构象有关（SC，L，OC）；④DNA 的纯度（蛋白、氯仿、SDS、EDTA、甘油等）。

（2）市售的酶一般浓度很大，为节约起见，使用时可事先用酶反应缓冲液（1 ×）进行稀释；可采取适当延长酶切时间或增加酶量的方式提高酶切效率，但内切酶用量不能超过总反应体积的 10%，否则，酶活性将因为甘油过量受到影响。

（3）琼脂糖凝胶电泳分离酶切 DNA 片段时，电泳缓冲液用 TAE，而不能用 TBE 缓冲液，因为 TBE 中的硼酸溶液与琼脂糖的反式糖单体或多聚体形成复合物，这种复合物使胶难溶解，将对连接反应有抑制作用。

（4）EB 是强诱变剂并有中等毒性，配制和使用时都应戴手套，并且不要把 EB 洒到桌面或地面上。凡是沾污了 EB 的容器或物品必须经专门处理后才能清洗或丢弃。

（5）不论采取何种方法回收 DNA，在回收过程中，要尽量减少洗脱体积，以便提高收得率和浓度，以方便后续操作。

（6）从胶上回收 DNA 时，应尽量缩短光照时间并采用长波长紫外灯（300～360 nm），以减少紫外光对 DNA 的切割。

（7）连接反应时间是与温度密切相关，因为反应速度随温度的提高而加快。通常可采用 16 ℃连接 4 h 为宜，如是平端连接需要适当延长反应时间以提高连接效率；在选择反应的温度与时间关系时，也要考虑在反应系统中其他因素的影响。

(8) 由于 EDTA 的存在会抑制连接酶的活性，通常采用加热方法终止酶切反应。

(9) 酶切与连接反应的整个过程应注意枪头的洁净以避免造成对酶的污染，为防止酶活性降低，取酶时应在冰上操作且动作迅速。

【实验安排】

第一天：回收纯化外源 DNA 片段，连接载体，转化大肠杆菌；

第二天：扩增阳性重组子；

第三天：提取质粒、酶切。

【实验报告要求与思考题】

(1) 提交重组质粒 DNA（pMD ™ 18 – T Simple Vector）的琼脂糖凝胶电泳图谱及酶切回收片段琼脂糖凝胶电泳检测结果。

(2) 如果一个 DNA 酶解液在电泳后发现 DNA 未被切动，你认为可能是什么原因？

(3) 琼脂糖凝胶电泳中 DNA 分子迁移率受哪些因素的影响？在连接反应和转化实验中应设立哪些对照实验组？

附

酶切片段的回收

1. 冻融法回收酶切片段

(1) DNA 酶切样品经 1% 琼脂糖凝胶电泳分离后，在紫外投射仪下确定所需回收的 DNA 片段的位置，用刀片将其切下，称重，放入两只灭菌 EP 离心管中，以 0.1 g 相当于 100 μL 折算。

(2) 在 EP 离心管中用枪头或细玻璃棒将凝胶捣碎，加入等体积的 Tris 饱和酚，混匀，于液氮或 –40 ℃ 冰箱中冻 10 min。

(3) 从液氮中取出，置于 37 ℃ 水浴使其融化。可重复 (2)、(3) 步骤以提高回收效率。

(4) 12 000 r/min 离心 10 min，取上清，加入等体积的氯仿，混匀。

(5) 12 000 r/min 离心 5 min，取上清，加入 2 倍体积的无水乙醇，1/10 体积的 3 mol/L 醋酸钠，颠倒混匀，4 ℃ 沉淀 10 min 或室温沉淀 20 min。

(6) 12 000 r/min 离心 10 min，沉淀用 70% 乙醇洗涤，风干，溶于适当体积的 TE 或灭菌超纯水中，用琼脂糖凝胶电泳检测回收片段纯度和浓度备用。

2. 玻璃奶法回收酶切片段

(1) 在紫外透射仪下，用刀片将目的 DNA 区带（如 pGFPuv 线性载体、*FasL* 基因）

小心切下，尽量切除不含 DNA 的凝胶，将含目的 DNA 区带的凝胶块放在 EP 离心管中。

（2）加入 2 倍体积的 6 mol/L 碘化钠，55～60 ℃水浴中放置 10 min，每隔 2 min 弹匀 1 次直至凝胶块完全溶解。（注：如果凝胶浓度大于等于 1.5%，则要用 4 倍体积的 6 mol/L 碘化钠。）

（3）加入 10 μL 的玻璃奶悬液，弹匀后，室温放置 10 min（注：玻璃奶如果已经干涸，可用适量的无菌超纯水重悬后再用）。

（4）10 000 r/min 离心 1 min 后，弃上清。

（5）加入 1mL 的 75% 乙醇重悬沉淀，10 000 r/min 离心 1 min 后，弃上清。

（6）重复步骤（5）。

（7）10 000 r/min 离心 2 min，用加样器吸去残余液体，室温风干。

（8）加适量的无菌超纯水，重悬沉淀，45 ℃水浴中放置 5 min，每隔 1 min 弹匀一次。

（9）12 000 r/min 离心 2 min，取上清。

（10）将步骤 9 的上清再次以 12 000 r/min 离心 5 min，取上清。

（11）取 0.5 μL 点样电泳，确定其浓度与纯度。

◢ | 实验七

感受态细胞制备及重组质粒的转化

【实验目的】

（1）掌握用氯化钙法制备感受态细胞的原理和方法。
（2）学习和掌握质粒 DNA 的转化和重组质粒的筛选方法。

【实验原理】

质粒在不同的细菌之间转移是微生物世界中一种普遍的现象，一个细菌品系通过吸收另一个细菌品系的质粒 DNA 而发生了遗传性状的改变，这种现象叫作转化，获得了外源 DNA 的细胞称为转化子。

在基因克隆技术中，所谓转化是指质粒或重组质粒被导入受体细胞，表达相应的选择标记基因，并在一定的培养条件下，在选择性培养基上长出转化子的过程。质粒必须通过转化进入细菌细胞内，才能进行扩增和表达，从而获得大量的克隆基因，使我们能够进行进一步的 DNA 操作，如亚克隆等，或者获得其表达产物。转化效率的高低与受体菌的生理状态有关。细菌吸收外源 DNA 的能力最高时的状态被称为感受态细胞（competent cell）。有些种类的细菌在其生长的任一阶段都处于感受态，而另一些细菌只有处于某个生长时期时（一般为对数生长早、中期），才会处于感受态，如本实验所用的大肠杆菌。用一定浓度的氯化钙处理对数生长早、中期的细菌可以大大提高细菌吸收周围环境中的 DNA 分子的能力。对这种现象的一种解释是氯化钙能使细菌细胞壁的通透性增强，从而提高转化率。这种转化方法称为"化学法"。目前还可以使用电激的方法，通过瞬间的高压电流，在细胞上形成孔洞，使外源 DNA 进入胞内，从而实现细胞的转化。电激转化的效率往往比化学法高出 1 到 2 个数量级，达到 1×10^8 转化子/μg DNA，甚至 1×10^9 转化子/μg DNA，所以常用于文库构建时的转化或遗传筛选。

微生物转化是基因工程的常用技术，大肠杆菌是基因工程中最常用的受体菌，本实验即是用前面实验获得的重组质粒转化大肠杆菌细胞。

【试剂与器材】

1. 试剂

（1）LB 液体培养基。
每组配 200 mL，其中 100 mL 分装于 500 mL 三角瓶中，另各取 3 mL 装于 2 只大试管中，其余装于装于 500 mL 三角瓶中，121 ℃高压蒸汽灭菌 20 min。
（2）LB/Amp/IPTG/X – Gal 平板。

配 1 L LB 液体培养基，加入 20 g 琼脂粉，同上高压灭菌，趁热摇晃混匀，待冷至 55 ℃左右，加氨苄青霉素至终浓度 100 μg/mL（储存液一般为 100 mg/mL），倒平板，每皿倒约 15 mL，室温放置过夜至冷凝水挥发干净。使用前 0.5 h 在培养基表面加 20 μL 50 mg/mL X - gal 和 100 μL 0.1 mol/L IPTG，涂匀，待这两种化合物渗入琼脂后，即可用于转化菌的涂布。每组制备 LB 平板 2 个，LB/Amp 平板 5 个，LB/Amp/IPTG/X - Gal 平板 6 个。

（3）IPTG 储存液（0.1 mol/L）：1.2 g IPTG 加水至 50 mL，过滤除菌，4 ℃ 储存。

（4）X - gal 储存液：50 mg/mL 溶于二甲基甲酰胺溶剂中，过滤除菌，4 ℃ 储存。

（5）1 mol/L 氯化钙储存液，使用浓度为 0.1 mol/L，氯化钙应使用分析纯，配 100 mL，高压灭菌，全班用。

（6）甘油（灭菌），全班 50 mL，同上高压灭菌。

（7）酸洗无菌玻璃珠，涂布平板用，用 50 mL 三角瓶分装，同上高压灭菌，烘干备用。

2. 器材

37 ℃温箱、水浴锅、恒温振荡器、高速冷冻离心机、微量移液器等。

3. 菌株

大肠杆菌 DH5α：基因型为 $F^- Φ80\ lacZΔM15\ Δ（lacZYA - argF）U169\ recA1\ endA1\ hsdR17（rK - , mK +）phoA\ supE44\ λ - thi - 1\ gyrA96\ relA1$。

【操作步骤】

1. 感受态细胞的制备（无菌操作）

（1）从新鲜培养的 LB 平板上挑单个 DH5α 大菌落接种到 3 mL LB 培养液中，37 ℃剧烈振荡（210～240 r/min）培养过夜。

（2）取 1 mL 过夜培养物，接种到含 100 mL LB 培养液的 500 mL 锥瓶中，37 ℃剧烈振荡，直至培养液中细菌浓度达到 OD_{600} 为 0.375～0.4。

（3）培养物转入 2 只 50 mL 离心管中，冰上放置 10 min，4 000 r/min，4 ℃离心 15 min，弃上清。

（4）将菌体悬浮于 10～20 mL 预冷的 0.1 mol/L 氯化钙溶液中，冰上放置 20 min。

（5）4 000 r/min，4 ℃，离心 10 min，弃上清，然后将细菌轻轻悬浮在 2 mL 0.1 mol/L 氯化钙溶液中。若不立即进行转化实验，则进行第（6）步操作，反之，则进入转化操作。

（6）缓慢滴入甘油（灭菌）至终浓度为 15%，轻柔混匀，将细菌分装成 0.5 mL/每管，立即液氮冷冻，转入 -70 ℃冰箱储存，可在 2 个月内使用。

2. 感受态细胞的转化

（1）设计好实验项目，如正、负对照（参考表 2 - 7 - 1，按表格内容操作）。

表 2 - 7 - 1 感受态细胞的转化

实验编号	转化项目	感受态细胞（μL）	DNA	氯化钙（100 mmol/L）	无菌水（μL）	总体积（μL）
1	连接产物 + 受体菌	100	10 μL	0		110
2	完整空载体对照	100	1 ng	0	10	110
3	无 DNA 对照	50	—	—	5	55
4	无细胞 + 空载体对照	0	1 ng	50	5	55
5	自连载体 + 受体菌	50	5 μL	—	0	55

（2）从 - 80 ℃ 冰箱中取出分装成 0.5 mL/每管的感受态细胞，置冰上 5 min 或缓慢流水淋至刚好解冻，立即分装到预冷的 1.5 mL 离心管中，每管体积参见表 2 - 7 - 1，插入冰上待用。

（3）对转化管，将沉淀到底部的感受态细胞轻轻吹吸悬浮（此时细胞较脆，悬浮时动作要轻，可用移液枪轻轻吸打），加入连接产物 DNA 溶液，以手指轻轻碰触混匀；为保险起见，也可先加入一半的连接产物 DNA 溶液，轻轻混匀，剩下的一半置 - 20 ℃ 冰箱保存。

（4）冰上放置 30 min（至少 30 min，可延长至 1 h 左右）。

（5）放入 42 ℃ 水浴中，热激 40 s。

（6）迅速插入冰上，放置 5 min。

（7）对表 2 - 7 - 1 的实验编号 1、2 项，加入 500 μL LB 培养基，其余加入 250 μL LB 培养基，37 ℃ 震荡培养 1 h。

（8）对表 2 - 7 - 1 的实验编号 1 项，各取 200 μL 直接用玻璃珠涂布于 2 个 LB/Amp/IPTG/X - Gal 平板上；对第 2 项，分别取 3、30 和 100 μL 细菌培养液，各加无菌水至 150 μL（不超过 200 μL）涂 LB/ Amp/IPTG/X - Gal 平板（此步骤的目的是计算转化率）；对其余各项，分别各取一半涂布于 LB/ Amp 平板上，余下的转化液置 4 ℃ 冰箱保存（此步骤是为了防止因实验意外而失败时可以进行重复实验）。倒置平板，37 ℃ 培养 12 ～ 14 h。一般来说，含有活性半乳糖苷酶的细菌比无活性酶的细菌生长慢，故过夜培养后可见到毫米大小的阳性白色菌落而阴性的蓝色菌落只有针尖大小。

（9）挑取白色菌落进行鉴定（详见实验八）。

【注意事项与提示】

（1）倒平板时应避免培养基温度过高，若温度过高，则加入的氨苄青霉素会失效，且培养基凝固后表面及皿盖会形成大量冷凝水，易造成污染及影响单菌落的形成。若用手掌感受培养基觉得很烫但尚可忍受时，培养基温度即为 55 ℃ 左右。制备好的 LB/Amp 平板可于 4 ℃ 冰箱储存 2 个月，时间过长氨苄青霉素将会失效。加了 IPTG/X - Gal 的 LB/Amp 平板最好现用。

（2）DH5α 在平板上过夜生长后，可置冰箱中保存一个月左右；接种新鲜的菌落或菌液有利于细菌细胞的同步快速生长，从而使细菌群体在达到一定的 OD$_{600}$ 值后（0.375）大部分细胞都处于感受态。

（3）DH5α 的生长需要氧气，剧烈振荡的目的是提高培养基的溶氧量并避免菌体沉淀，以利于细菌的生长。

（4）达到细菌对数生长早、中期，需时约 2.0～2.5 h，此步骤至为关键，若超过此阶段，则转化效率急剧下降。

（5）低温操作的目的是使细胞不再生长，保持其感受态。

（6）−70 ℃ 冰箱储存的感受态细胞在 6～8 周后，转化率很快降低。可用一已知标准及浓度的闭环质粒如 pUC18/19 鉴定感受态细胞的转化能力。

（7）实验中一定要设计正负对照，如用无 DNA 转化物的感受态细菌铺板，若有菌落生长，说明其中抗生素浓度不够或感受态细胞已被污染。加样时速度要快，但要有条不紊，切勿加错！加完样用枪尖稍搅匀。第 1 项中所加连接产物的量可根据连接反应的终体积而定，一般加 1/2 或 2/3，其余置 −20 ℃ 保存。

（8）从 −80 ℃ 冰箱中取出冷冻的指管后，也可用双手搓指管，利用掌心的温度解冻。解冻时间勿过长。

（9）热激时要掌握时间，过长会致死细胞。在许多实验方案中，热激时间设为 90～120 s，目前已有实验证明如此长的热激时间是没有必要的，且会引起转化效率的下降。热激前加入相当于转化液体积 1/10 的 DMSO 可提高转化效率 10 倍左右，加入 DMSO 后请勿再剧烈振荡。

（10）恢复生长的步骤使得细菌恢复正常并让 β−内酰胺酶基因表达。

（11）转化平板的培养时间勿过长，以免卫星菌落的出现。

（12）很多因素都可以影响转化的效率，特别需要注意的有两点，一是制备感受态细胞时的 OD 值，二是所用试剂要分析纯以上，并用超纯水或超纯水（如 Mili Q）配制。

【实验安排建议】

实验前两天挑 *E. coli* 菌种在 LB 平板上划线，37 ℃ 培养过夜。实验前一天各组要将试剂准备好，包括培养基的消毒灭菌。下午临下课时从平板上挑新鲜的单菌落接种到 3 mL 液体培养基中培养过夜。转化完毕，次日一早观察记录结果，并清理余下的菌种试剂等。

【实验报告要求与思考题】

（1）制备感受态细胞和转化时，应特别注意哪些环节。

（2）转化效率的计算：转化效率是指每微克质粒 DNA 转化细胞产生的转化子数目。

$$阳性重组率 = [白色菌落数/（白色菌落 + 蓝色菌落）] \times 100\%$$

请列表表示你的转化结果并算出转化率。你所做实验的转化效率（正对照）是多少？如果过低（如低于 10^4 cfu/μg DNA），请分析可能的原因。需要注意的是，连接产物的转化效率是非常低的，为什么？

（3）若实验出现不正常的结果，请分析原因。

【附录1】 大肠杆菌的高效转化方法

1. 试剂

（1）TB 溶液：1.5 g PIPES，1.1 g 氯化钙，9.3 g 氯化钾，溶于水，以 5 mol/L 氢氧化钾调 pH＝6.7，再加入 5.4 g 氯化锰，定容至 500 mL，以 0.22 μm 滤膜过滤灭菌，4 ℃ 保存。

（2）SOB 培养基：Tryptone 20 g（OXOID 公司）；Yeast extract 5 g（OXOID 公司）；氯化钠 0.5 g，加 800 mL 超纯水，加入 250 mmol/L 氯化钾溶液 10 mL，用 10 mol/L 氢氧化钠调 pH 至 7.0，定容至 1 000 mL，高压灭菌，4 ℃ 保存；使用前加入 5 mL 经高压灭菌的 2 mol/L 氯化镁溶液。

（3）SOC 培养基：含 20 mmol/L 葡萄糖的 SOB 培养基，SOB 培养基高压灭菌后，降温至 60 ℃ 或以下时，加入 20 mL 经过滤除菌的 1 mmol/L 葡萄糖溶液，4 ℃ 保存。

（4）DMSO。

2. 方法

【感受态细胞的制备】

（1）将 *E. coli* DH5α，涂布于 LB 培养基上，37 ℃ 过夜。

（2）挑取 2～3 个直径 2～3 mm 的大菌落，接种到 50 mL SOB 培养基中。在 250 mL 三角瓶中 18 ℃，200～250 r/min 振荡培养，直到 OD_{600}＝0.6，约需要 36～48 h。

（3）将三角瓶冰浴 10 min。

（4）转移菌液到 50 mL 离心管。2 500 r/min，10 min，4 ℃。

（5）菌体用 16 mL 冰预冷的 TB 溶液悬浮，冰浴 10 min。

（6）离心，2 500 r/min，10 min，4 ℃。

（7）菌体用 4 mL 冰预冷的 TB 溶液悬浮，加入 280 μL DMSO。

（8）菌液于冰浴 10 min 后分装到冻存管。每管 200 μL。液氮冷却，保存于液氮中。大约 10 min 后，转移到 −40 ℃ 冰箱保存。

【转化】

（1）将 LB 抗性平板、SOC 培养基于 37 ℃ 预热。

（2）室温溶解感受态细胞。

（3）取 200 μL 菌液加入 1.5 mL 离心管中，放于冰中。

（4）加入 1～5 μL 质粒溶液，用枪头混匀，冰浴 30 min。

（5）42 ℃ 热激 30 s，冰浴 5 min。

（6）加入 800 μL SOC 培养基，于 37 ℃，250 r/min，震荡培养 1 h。

（7）涂布 LB 抗性平板，37 ℃ 过夜。

▶ 实验八

PCR 法筛选重组克隆

【实验目的】

（1）学习和了解常用重组克隆筛选方法的原理。
（2）掌握 PCR 法快速筛选重组克隆的操作方法。

【实验原理】

重组克隆的筛选和鉴定是基因工程中的重要环节之一。不同的克隆载体和相应的宿主系统，其重组克隆的筛选和鉴定方法不尽相同。从理论上说，重组克隆的筛选是排除自身环化的载体、未酶解完全的载体以及非目的 DNA 片断插入的载体所形成的克隆。常用的筛选方法有两类。一类是针对遗传表型改变的筛选法，以 β - 半乳糖苷酶系统筛选法为代表。另一类是分析重组子结构特征的筛选法，包括快速裂解菌落鉴定质粒大小、限制酶图谱鉴定、Southern 印迹杂交、PCR、菌落（或噬菌斑）原位杂交（见实验十七）等方法。

1. β - 半乳糖苷酶系统筛选法（蓝白斑筛选法）

使用本方法的载体包括 M13 噬菌体、pUC 质粒系列、pGEM 质粒系列等。这些载体的共同特征是载体上携带一段细菌的基因 lacZ。lacZ 编码 β - 半乳糖苷酶的一段 146 个氨基酸的 α 肽，载体转化的宿主细胞为 lacZ△M15 基因型。重组子由于外源片段的插入使 α 肽基因失活不能形成 α 互补作用，也就是说，宿主细胞表现为 β - 半乳糖苷酶失活。β - 半乳糖苷酶可以将无色化合物 5 - 溴 - 4 - 氯 - 3 - 吲哚 - β - D - 半乳糖苷（X - gal）分解为半乳糖和深蓝色的物质 5 - 溴 - 4 - 靛蓝。因此，在 X - gal 平板上，重组克隆为无色噬菌斑或菌落，非重组克隆为蓝色噬菌斑或菌落。这种筛选方法操作简单，但当插入片断较短（小于 500 bp），且插入片段没有影响 lacZ 基因的读码框时，有假阴性结果的出现。

2. 快速裂解菌落鉴定质粒大小

从平板中挑取菌落，过夜培养后裂解，直接进行凝胶电泳，与载体 DNA 比较，根据迁移率的减小初步判断是否有插入片段存在。本方法适用于插入片段较大的重组子的初步筛选。

3. 限制性内切核酸酶图谱鉴定

对于初步筛选具有重组子的菌落，提纯重组质粒或重组噬菌体 DNA，用相应的限制性内切核酸酶（一种或两种）切割重组子，释放出的插入片段；对于可能存在双向插入的重组子还可用适当的限制性内切核酸酶消化，然后用凝胶电泳检测插入片段和载体的大小，从而鉴定插入方向。

4. Southern 印迹杂交

为确定 DNA 插入片段的正确性，在限制性内切核酸酶消化重组子、凝胶电泳分离后，通过 Southern 印迹转移将 DNA 移至硝酸纤维膜上，再用放射性同位素或非放射性标记的相应外源 DNA 片段作为探针，进行分子杂交，鉴定重组子中的插入片段是否是所需的靶基因片段。

5. PCR 法

用 PCR 对重组子进行分析，不但可以迅速扩增插入片段，而且可以直接进行 DNA 序列分析。因为对于表达型重组子，其插入片段的序列的正确性是非常关键的。PCR 法既适用于筛选含特异目的基因的重组克隆，也适用于从文库中筛选含感兴趣的基因或未知的功能基因的重组克隆。前者采用特异目的基因的引物，后者采用载体上的通用引物

6. 菌落（或噬菌斑）原位杂交

菌落或噬菌斑原位杂交技术是将转化菌 DNA 转移到硝酸纤维膜上，用放射性同位素或非放射性标记的特异 DNA 或 RNA 探针进行分子杂交，然后挑选阳性克隆。这种方法能进行大规模操作，是筛选基因文库的较好方法。

本实验采用 PCR 法对重组子（见第二编实验五 ）进行筛选。使用引物为目的基因特异引物或 M13 载体通用引物。

【试剂与器材】

1. 试剂

（1）LB 液体培养基：参见附录六。
（2）30%（V/V）甘油：用无离子水配制后，高压蒸汽灭菌。
（3）PCR 反应体系（TaKaRa 公司）。
（4）基因特异引物对：

　　　　上游引物：5′ GC TCTAGACACCGGCCATCTGATCTACAA 3′
　　　　下游引物：5′ GG GGTACC TATGCGCTGACTTCCTTGGTGA 3′

M13 载体通用引物对：

　　　　上游引物：5′ CAGGAAACAGCTATGAC 3′
　　　　下游引物：5′ GTTTTCCCAGTCACGAC 3′

2. 器材

PCR 仪、水平电泳装置、电泳仪、水浴锅、恒温振荡器、台式高速离心机、微量移

液器、凝胶成像系统等。

3. 菌株

大肠杆菌 DH5α 转化菌。

【操作步骤】

（1）从转化平板上挑取单菌落，每个单菌落分别接入两支装有 2 mL 培养基的 5 mL EP 离心管中（1 支检测用，1 支保种用），激烈震荡培养过夜。

（2）将保种用菌液于超净台内加入等体积 30% 甘油，−20 ℃ 冰箱保存。

（3）吸取菌液 2 μL 作为 PCR 检测的样品，其余留待提取质粒做酶切用（实验四、六）。

①PCR 反应混合物（10 test）：

2 − 8 − 1　PCR 反应混合物配制

成分	加入体积	终浓度
上游引物	4 μL	0.4 μmol/L
下游引物	4 μL	0.4 μmol/L
2 × PCR 反应混合物	50 μL	
Taq 酶（2.5 U/μL）	2 μL	0.5 U
超纯水	至总体积 80 μL	

②PCR 体系：2 μL 样品 + 8 μL 上述反应混合物。
③PCR 程序：

94℃，5 min ⟶ 94℃，30 s ⟶ 60℃，30 s ⟶ 72℃，1 min ⟶ 72℃，10 min

　　　　　　　　　　30 循环

⟶ 4℃

4. 保存菌种

琼脂糖凝胶电泳检测 PCR 结果，对照标志物估计外源片段的大小，选出含合适大小 DNA 片段的克隆，保存菌种（日后提纯质粒作测序用）。

【注意事项与提示】

（1）可选用煮沸法获得 PCR 反应模板，即收集菌体重悬于纯水，在沸水中煮至出现白色絮状沉淀，离心用上清作 PCR 反应模板。

（2）用菌液作 PCR 反应模板，受培养基杂质、质粒的浓度和纯度等未知条件限制，有时需要优化 PCR 条件。

（3）本方法既适合筛选含特异目的基因的重组克隆，也适合于从文库中筛选含感兴趣的基因或未知的功能基因的重组克隆。前者采用特异目的基因的引物，后者采用载体上的通用引物。

【实验安排建议】

第一天上午配试剂和培养基，下午从转化平板挑取单菌落接种；第二天上午做 PCR 反应，下午琼脂糖凝胶电泳检测结果并保存阳性菌种。

【实验报告要求与思考题】

（1）用 PCR 法快速筛选重组克隆，应注意哪些操作环节？
（2）提交 PCR 法快筛选重组克隆的电泳图，并分析结果。

▶ 实验九

重组 DNA 在大肠杆菌中的诱导表达

【实验目的】

（1）了解外源基因在原核细胞中表达的基础理论。
（2）掌握 IPTG 诱导乳糖操纵子表达的原理和操作方法。
（3）理解降解物阻遏的现象及其机制。

【实验原理】

1. 外源基因在原核细胞中的表达

蛋白质通常是研究或开发的最终目标，因此蛋白质的表达在基因工程中占有非常重要的地位。常用的表达系统有原核细胞和真核细胞。原核细胞表达系统主要使用大肠杆菌，真核细胞表达系统主要有酵母细胞、哺乳动物细胞和昆虫细胞等。这些表达系统各有优缺点，应根据实验目的和实验室条件加以选择。本实验主要介绍以大肠杆菌为代表的原核细胞表达系统。

（1）大肠杆菌表达系统的特点：

（a）生物学特性和遗传背景清楚，易于操作。

（b）已开发较多的克隆载体供选择。

（c）容易获得大量的外源蛋白（外源蛋白可占细菌总蛋白 50%）。

（2）蛋白质在原核细胞中的表达特点：

（a）原核细胞有其固有的 RNA 聚合酶，识别原核基因的启动子。因此，在用原核细胞表达基因（无论是真核基因还是原核基因）时，一般应使用原核启动子。

（b）原核基因的 mRNA 含有 SD 序列，启动蛋白质的合成。而在真核基因上则缺乏该序列。因此，一些商品化原核表达载体上设计有 SD 序列，以方便真核基因的表达。原核细胞没有 mRNA 转录后加工的能力。因此，在原核细胞中表达真核基因时，应使用 cDNA 为目的基因。

（c）原核细胞缺乏真核细胞对蛋白质进行翻译后加工的能力，如果表达产物的功能与蛋白质的糖基化和高级结构的正确折叠有关，必须慎重使用原核系统。

（d）外源基因在大肠杆菌中高效表达时，表达产物往往在胞浆聚集，形成均一密度的包涵体。包涵体的形成有利于保护表达产物不被胞内的蛋白酶降解，而且可以通过包涵体和胞内其他蛋白质密度不同来纯化包涵体蛋白。但包涵体蛋白不具有该蛋白的所有生物学活性，往往需要通过变性复性的方法恢复活性，有时只能回复部分活性。

（3）蛋白质在原核细胞表达的调控。

启动子是转录水平调控的主要因素。根据启动子起始 mRNA 合成效率的不同，可分为强、弱启动子，但是启动子的强弱是相对于不同基因而言的。有些启动子的活性可以通过物理或化学的方法诱导调控。在基因工程中，原核表达系统通常采用可调控的强启动子。常用的原核启动子有：可由异丙基 – D – 硫代半乳糖苷（IPTG）诱导的 lac 启动子，由 3 – 吲哚乙酸（IAA）诱导的 trp 启动子，由温度诱导的 P_L 和 P_R 启动子等。噬菌体 T7 RNA 聚合酶启动子是一个很强的启动子，近年来在原核表达中得到广泛应用。

SD 序列是原核表达中翻译水平的重要调控因素，SD 序列和 16S rRNA 3′端的互补程度、SD 序列和目的基因间的距离在很大程度上影响蛋白的合成量。

（4）蛋白质在原核细胞中的表达形式。

外源基因在原核细胞中可以以非融合蛋白、融合蛋白和分泌型表达等不同形式进行表达。具体要根据表达产物使用的目的和操作方法进行选择。

非融合蛋白使用的外源基因必须具有从起始密码子到终止密码子的完整读框。非融合蛋白的一级结构和天然蛋白质相同，是一些体内应用基因工程产品的必要条件。但是非融合蛋白在原核细胞内不稳定，易被降解，而且不易纯化。

融合蛋白指的是在表达产物的 N 端或 C 端具有非目的蛋白的氨基酸残基。融合蛋白使用的外源基因，必须注意其读框和载体上原核读框相符和。融合蛋白在大肠杆菌内较稳定，不易被降解。而且作为融合蛋白一部分的原核多肽往往是用于纯化或检测该融合蛋白的"标签（tag）"。如本实验中采用金属螯合亲和层析技术纯化带有 6 个 His 标签的融合蛋白。

分泌型表达指的是在细胞浆内合成的多肽进入内膜和外膜的周质空间。进行分泌型表达时，要将一段原核或真核的信号肽编码序列连接在待表达基因的上游。常用的信号肽有 ompT、phoA、pelB 等，在表达的蛋白进入细胞周质空间时，信号肽被蛋白酶水解，产生游离的表达产物。因此，分泌型表达可以保护外源蛋白不被细胞内的蛋白酶降解，增加表达产物的稳定性，同时，表达蛋白的生物活性较好，易于纯化，但是，有可能表达量相对较低。

（5）乳糖操纵子的调节机制。

操纵子是原核细胞基因表达的协调单位，通常由 2 个以上功能相关的结构基因以及一些调节序列（如启动子序列、操纵序列等）组成。乳糖操纵子由 3 个结构基因 Z、Y、A 和操纵序列、启动子、CAP 结合位点等调节序列组成（如图 2 – 9 – 1）。

启动子	阻遏基因	终止子	CAP 结合位点	启动子	操纵序列	结构基因		
P	lacI	T		P	lacO	Z	Y	A

Z：半乳糖苷酶，Y：透性酶，A：乙酰基转移酶

图 2 – 9 – 1　乳糖操纵子的结构

乳糖操纵子的调节包括乳糖（或 IPTG）的诱导效应和葡萄糖的降解物阻遏效应。

（6）乳糖操纵子的诱导表达。

当没有乳糖存在时，调节基因 lacI 表达，转录的 mRNA 翻译成阻遏蛋白。阻遏蛋白

与操纵序列 lacO 结合，阻碍了结合在旁边启动子的 RNA 聚合酶向前移动，使结构基因（本实验中结构基因是绿色荧光蛋白基因）不能转录，也就不能翻译出目的蛋白质。也就是说，当没有乳糖存在时，乳糖操纵子处于阻遏状态（图 2 – 9 – 2）。

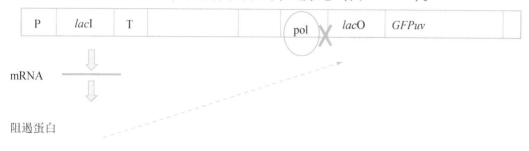

图 2 – 9 – 2　乳糖操纵子的表达阻遏

当有乳糖存在时，乳糖转化为异乳糖，异乳糖作为诱导物与阻遏蛋白结合，使阻遏蛋白的构象发生改变，而不能结合到操纵序列上，RNA 聚合酶可以从启动子向 3′ 端移动，于是，结构基因可以转录出 mRNA，然后翻译出蛋白质。也就是说，当有乳糖存在时，乳糖操纵子被诱导（图 2 – 9 – 3）。乳糖操纵子的诱导物是异乳糖。IPTG 是异乳糖的结构类似物。由于 IPTG 不会被分解，它的诱导作用是持久的。

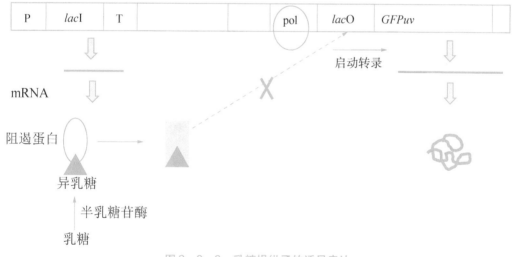

图 2 – 9 – 3　乳糖操纵子的诱导表达

（7）乳糖操纵子的降解物阻遏。

当细菌在含有葡萄糖和乳糖的培养基中生长时，通常优先利用葡萄糖，而不利用乳糖。只有当葡萄糖耗尽后，细菌才能充分利用乳糖，这种现象称葡萄糖效应，其实质是由葡萄糖降解物引起的阻遏作用，所以又称降解物阻遏（catabolic repression）。其机理是：代谢物基因激活蛋白（catabolite gene activation protein，CAP），又称 cAMP 受体蛋白（cAMP receptor protein，CRP），属于一种激活蛋白，对乳糖操纵子进行正调节。CAP 分子内同时具有 DNA 结合区和 cAMP 结合区。当 CAP 与 cAMP 结合后，就可结合到 CAP 结合位点上，促进转录。葡萄糖降解物能抑制腺苷酸环化酶的活性，并活化磷酸二酯酶的活性，从而降低 cAMP 的浓度，抑制转录。

（8）阻遏蛋白负调节与 CAP 正调节的协调。

当阻遏蛋白封闭转录时，CAP 对该系统不能发挥作用；而没有 CAP 存在时，即使没有阻遏蛋白与操纵序列结合，操纵子仍无转录活性。只有在 CAP 存在且没有阻遏蛋白与操纵序列结合时，或者说只有高乳糖低葡萄糖时，操纵子发挥最大转录活性。这种协调与细菌对碳源的优先利用相一致。

本实验使用的表达载体 pGFPuv 上含有乳糖操纵子的调节序列，目的基因为绿色荧光蛋白基因。在 IPTG 的诱导下，目的基因表达可增强 10^5 倍。然而，诱导表达常常受到温度和诱导物的影响。另外，在一定浓度的葡萄糖的作用下，目的基因表达明显受到抑制。

【试剂与器材】

1. 试剂

（1）LB 液体培养基：参见附录。

（2）10 mg/mL 氨苄青霉素溶液：将 1 g Amp 溶解于 10 mL 超纯水（或无离子水）（100 mg/mL），过滤除菌，分装，−20 ℃保存备用。使用时终浓度为 100 μg/mL。

（3）100 mmol/L IPTG 溶液：1.2 g IPTG 加水至 50 mL，过滤除菌，−20 ℃保存。

（4）20%葡萄糖溶液：2 g 葡萄糖溶解于适量超纯水（或无离子水），定容至 10 mL，过滤除菌，4 ℃保存。

（5）平衡缓冲液：50 mmol/L Tris-HCl，500 mmol/L 氯化钠，pH 7.0。

2. 器材

超净工作台、恒温振荡器、台式高速离心机、高速冷冻离心机、低温摇床、高压破碎仪或超声破碎仪等。

3. 菌株

工程菌 BL21（DE3）（含 pET32a）和工程菌 BL21（DE3）（含 pGFPuv）。

【操作步骤】

（1）分别挑取工程菌 BL21（DE3）（含 pET32a）和 BL21（DE3）（含 pGFPuv）的单菌落接种到 5 mL LB 液体培养基（含氨苄，终浓度为 100 μg/mL，以下同）。

（2）于 37 ℃、250 r/min 培养过夜（12～14 h）。

（3）取三支灭菌试管，各加入 5 mL LB 液体培养基（含氨苄），分别编号为 1#，2#，3#，另外取装于 500 mL 三角瓶中的 150 mL LB 液体培养基（含氨苄），编号 6#，全部按 1∶50 的比例接种。1#接种 100 μL BL21（DE3）（含 pET32a），2#接种 100 μL BL21（DE3）（含 pGFPuv），3#接种 100 μL BL21（DE3）（含 pGFPuv），6#接种 3 mL BL21（DE3）（含 pGFPuv）。

（4）于 37 ℃、250 r/min 培养约 2～3 h 至对数生长期。

（5）诱导处理：1 #、2 #不需处理；3 #加入 20% 葡萄糖 100 μL 至终浓度为 0.4%，加入 5 μL 100 mmol/L IPTG 至终浓度为 0.1 mmol/L；6 #加入 100 mmol/L IPTG 150 μL 至终浓度为 0.1 mmol/L。

（6）于 21～25 ℃、250 r/min 培养约 10～12 h 或过夜。

（7）收菌（注意采集标本并编号）：①从 6 #三角瓶培养的 150 mL 菌液中取出 5 mL 置于一支试管中（编号为 4 #）。②分别从 1 #，2 #，3 #培养物各取 100 μL 于 EP 离心管用于 SDS-PAGE（见实验九）。③将 1 #，2 #，3 #，4 #试管中的菌体分别收集到 4 个 1.5 mL EP 离心管中，编上相应编号。1 #，2 #，3 #离心弃上清；4 #上清收集到另一个 EP 离心管，编号为 5 #。④6 #三角瓶中剩余菌液用 50 mL 离心管于 5 000 r/min，4 ℃，离心 10 min，弃上清收集菌体。

（8）于紫外灯下观察 1 #～5 #管收集的菌体或上清液，观察哪支管有荧光（荧光强弱），记录观察到的现象，并拍照（如图 9-4）。

（9）6 #收集的全部菌体用 50 mL 平衡缓冲液重悬（50 mmol/L Tris-HCl，500 mmol/L 氯化钠 pH 7.0）。

（10）超声波破菌或高压破菌，然后用 50 mL 离心管于 8 000 r/min，4 ℃，离心 10 min，取上清（弃沉淀），保存于 -20 ℃冰箱，层析实验备用。

①超声操作：冰浴下进行，功率为 400 W，工作 4 s，间隙 2 s，为 1 次，45 次为 1 周期。共处理 4 个周期。

②高压破碎操作：压力约为 150 MPa。注意根据裂解液浑浊程度控制流速，1 drops/1～4 s。

【注意事项与提示】

（1）本实验的目的是比较该重组 DNA 在大肠杆菌中表达时是否受 IPTG 和葡萄糖存在的影响，所以 1 #、2 #管的细菌在 25～28 ℃培养时不加 IPTG 和葡萄糖，3 #管除加 IPTG 外还加入葡萄糖，糖的浓度要大于 0.2% 以上（本实验采用 0.4%）。4 #三角瓶细菌仅加 IPTG 也仅指这次实验所用的重组 DNA 菌体而言。有的重组 DNA 菌体在其表达时除需加 IPTG 外仍需加入少量的葡萄糖为碳源作诱导。在转管培养及收菌时要注意各管编号要相应对好，不能混乱。

（2）不同的重组 DNA 在不同的宿主菌中蛋白的表达量往往受到 IPTG 浓度和温度的影响，最好采用不同温度或不同浓度的 IPTG 来诱导，观察哪种温度或哪种浓度条件下其蛋白表达量最大。在科研中一般都要求这样做。

（3）由于本实验所表达的目的蛋白带有绿色荧光蛋白，其在大肠杆菌中有很强的荧光。离心后收集的菌体在紫外线的照射下都可见黄绿色荧光，所以把 1 #、2 #、3 #、4 #沉淀菌体放在紫外灯下观察其是否有荧光及其荧光的强弱，就可判断其是否有表达及其所表达的强度。

【实验安排建议】

（1）第一天晚上 9 时左右活化种子菌。

（2）第二天上午配制培养基及灭菌，下午至晚上做放大接菌和诱导。

（3）第三天上午收菌、观察、拍照、破碎菌体、离心收集蛋白。

【实验报告要求与思考题】

（1）对紫外灯下观察到的结果（图 2-9-4）作出解释。

（2）为什么诱导表达的大肠杆菌要在其 OD_{600} 浓度约为 0.5 时加入 IPTG？

（3）大肠杆菌的诱导表达常受哪些因素的影响？

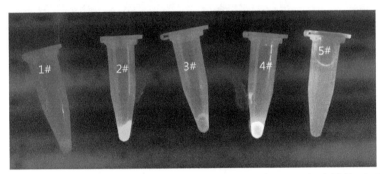

1 #：BL21（DE3）（含 pET32a）；2 #：BL21（DE3）（含 pGFPuv）未诱导；3 #：
BL21（DE3）（含 pGFPuv）葡萄糖和 IPTG 处理；4 #：BL21（DE3）（含 pGFPuv）诱
导；5 #：4 #的上清液

图 2-9-4   菌体紫外线下观察结果

实验十

金属螯合亲和层析分离蛋白质

【实验目的】

（1）学习亲和层析的原理。

（2）掌握金属螯合亲和层析法分离蛋白质的技术与操作。

【实验原理】

亲和层析是以普通凝胶作载体，连接上金属离子制成螯合吸附剂，用于分离纯化蛋白质，这样的方法称为金属螯合亲和层析。蛋白质对金属离子具有亲和力是这种方法的理论依据。已知蛋白质中的组氨酸和半胱氨酸残基在接近中性的水溶液中能与镍或铜离子形成比较稳定的络合物，因此，连接上镍或铜离子的载体凝胶可以选择性地吸附含咪唑基和巯基的肽和蛋白质。过渡金属元素镍在较低 pH 范围时（pH 6～8），有利于选择性地吸附带咪唑基和巯基的肽和蛋白质，在碱性 pH 时，使吸附更有效，但选择性降低。金属螯合亲和层析行为在很大程度上，由被吸附的肽和蛋白质分子表面咪唑基和巯基的稠密程度所支配，吲哚基可能也很重要。

本实验室纯化的目的蛋白是用 IPTG 诱导表达的 pGFPuv，该蛋白是和 6xHis 融和表达的，含有特定的组氨酸标记物，这种可溶性蛋白质能用金属亲和层析法进行分离，且操作简单，快速，纯化效率高。

【材料与器材】

1. 试剂

（1）0.05 mol/L EDTA－0.5 mol/L 氯化钠溶液 100 mL。

（2）2 mol/L 氯化钠溶液 50 mL。

（3）1 mol/L 氢氧化钠溶液 50 mL。

（4）0.2 mol/L 硫酸镍（$NiSO_4$）溶液 50 mL。

（5）20% 乙醇溶液 50 mL。

（6）平衡缓冲液：50 mmol/L Tris-HCL；500 mmol/L 氯化钠；pH 7.0，500 mL。

（7）Ni^{2+} 离子整合的强阴离子交换凝胶（Sepharose™ FF）5～10 mL。

（8）重组 pGFPuv 质粒大肠杆菌工程菌经诱导表达的细胞裂解蛋白样品 20～50 mL。

（9）洗涤液：50 mmol/L 咪唑，50 mmol/L Tris-HCL，500 mmol/L 氯化钠，pH 7.0。

（10）洗脱液：300 mmol/L 咪唑，50 mmol/L Tris-HCL，500 mmol/L 氯化钠，

pH 7.0。

2. 器材

(1) 1.5 cm×50 cm 层析柱。
(2) 蠕动泵。
(3) 紫外检测仪。
(4) 自动收集器。
(5) 色谱工作站（本文以金达色谱工作站为例）。

【操作流程】

1. 样品的制备

细菌细胞的培养及荧光蛋白表达参看实验十，细胞的破碎及蛋白的收集如下：收集菌体细胞培养液，在 25 ℃，8 000 r/min，离心 5 min，去上清液，菌体用平衡缓冲液洗涤一次，离心收集菌体，用 1/3（细胞培养液）体积的平衡缓冲液充分悬浮，冰浴下进行高压破菌处理。然后 8000 r/min，离心 30 min，取上清液。放冰箱备用。

2. 亲和层析柱的安装

把层析柱固定在铁支架上，上端的柱头拧下，柱下端出口用夹子封闭。加入少量的无离子水，排去下端的空气泡。取出 20% 乙醇浸泡的螯合凝胶 5～10 mL 到烧杯中，加入少量的无离子水制成糊状，沿着贴紧柱内壁的玻璃棒把糊状凝胶倒进柱内，打开下端的排水口，让亲和凝胶剂随水流自然沉下。亲和层析剂为 5～10 mL。然后，将上端的柱头拧紧，并将顶端和下端用软管连接封闭备用。

3. 层析系统的安装、调试

(1) 蠕动泵的调试：打开背后电源开关，按下 start 按钮，上下箭头调节流速为 15 r/min（约 2 mL/min），将软管充满去离子水。

(2) 系统的连接：将蠕动泵的出水管与层析柱上端管相连，层析柱的下端管与紫外检测仪的进样端连接，将紫外检测仪的输出（out）端与自动收集器相连。

(3) 紫外收集器的调试：打开紫外背后开关，调节灵敏度旋钮（ABS-Range），调节调零旋钮。

(4) 自动收集器的设置：打开电源开关，按"复位"键，确定出液管的位置，按"手动"按钮，进行设置，如选择 120 s 一管进行收集，按"自动"即开始计时收集。

(5) 伍豪色谱工作站的使用方法：点击桌面的"伍豪色谱工作站"图标打开程序，点击左上角的图标，选择 A 或 B 通道，点击"▲"即开始采样，采样结束后点击"■"即结束采样，然后载入 A 或 B 通道谱图，保存结果，并打印结果。

4. 层析柱的使用前处理

（1）用 5×柱床体积去离子水清洗乙醇封存的 Ni^{2+} – Chelating Sepharose™ FF 亲和层析柱，去除乙醇。

（2）用 2×柱床体积的 0.2 mol/L 硫酸镍过柱，注意观察现象。

（3）用 10×柱床体积的去离子水清洗，用 5×柱床体积平衡缓冲液平衡柱子。

5. 上样

先从 20 mL 裂解上清液中取出 50 μL 用于电泳，作为亲和层析分离前上清液中的总蛋白区带对照图谱。然后以每分钟 2 mL 的流速上层析柱，分部收集流出液，每管 3 mL，（记录的紫外线吸收峰为穿流峰，取最高的一管样品液用作电泳）。平衡缓冲液过层析柱，直到紫外线吸收峰不再下降（达到平台期为止）。

6. 洗涤

用含 50 mmol/L 咪唑的洗涤缓冲液 25 mL 洗脱，分部收集洗脱液，每管 5 mL，取紫外吸收最高的一管用于电泳。

7. 洗脱

用含 300 mmol/L 咪唑的洗脱缓冲液 10 mL 洗脱，自动收集洗脱液，每管收 5 mL。当紫外吸收达最高峰时取样用于电泳及 Western 印迹实验。

8. 层析柱的后处理及封存

（1）用 2× 去离子水清洗柱子。

（2）用 10×0.5 mol/L 氯化钠，50 mmol/L EDTA （pH 8.0）洗去结合的镍离子。

（3）用 10× 去离子水清洗柱子。

（4）用 10×1 mol/L 氢氧化钠洗柱洗柱，去残留蛋白。

（5）用大约 10× 去离子水清洗柱，去除氢氧化钠，直到 pH 值低于 9。

（6）用大约 2×柱床体积乙醇过柱，拆除柱子，保存柱料于 20% 乙醇中。

9. 12% SDS – 聚丙烯酰胺凝胶电泳检测

分别取 50 μL 穿流峰流出液、50 mmol/L 咪唑缓冲液洗涤的流出液和 300 mmol/L 咪唑缓冲液洗脱的流出液，外加一个上柱前的样品液和蛋白分子量标准作比较，进行 12% SDS – 聚丙烯酰胺凝胶电泳检测亲和层析分离纯化的结果。

【实验安排】

（1）细胞的破碎及总蛋白质的收集需 0.5 天。

（2）金属螯合亲和层析柱的处理及分离荧光蛋白需 0.5 天。

（3）12% SDS – 聚丙烯酰胺凝胶电泳检测需 1 天，但可在样品上柱层析分离时制备好凝胶，时间可缩短至 0.5 天。

（4）层析分离完成后即可进行凝胶电泳。

【问题和习题】

（1）要求提交 IPTG 诱导表达的荧光蛋白经 12% SDS - 聚丙烯酰胺凝胶电泳结果图；

（2）亲和层析柱在再生处理、上样、洗脱过程中其颜色有何变化？为什么？

（3）要达到好的分离效果要注意哪些问题？

注意事项

（1）不管是装柱还是上样、洗脱，在整个操作过程中，水或溶液面都不能低于凝胶柱平面。否则，凝胶柱会产生气泡，就会影响层析效果。

（2）样品上柱和洗脱过程，其流速都要慢，分离效果才好。

（3）亲和层析剂可回收，经再生可循环使用，用 20% 乙醇浸泡于冰箱保存。

（4）亲和层析柱在再生处理、上样、洗脱过程中其颜色都有明显变化（白、蓝、绿），只要细心操作，样品是否被吸附上去或被洗脱下来？都能观察到从而作出判断。

（5）表达的荧光蛋白经 12% SDS - 聚丙烯酰胺凝胶电泳（实验十一）结果如图 2 - 10 - 1。

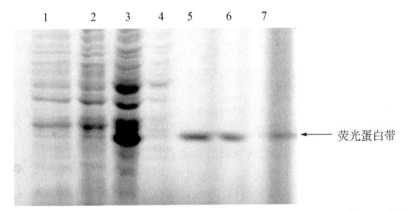

1：蛋白分子量标准分子量标准；2：没有表达产物荧光蛋白的细菌总蛋白区带；3：诱导表达产物的细菌总蛋白区带。明显多出 1 条区带；4：样品上层析柱时的流出液（穿流峰）蛋白区带；5、6、7：含 300 mmol/L 咪唑的洗脱缓冲液洗脱出来的荧光蛋白带

图 2 - 10 - 1 表达的荧光蛋白经 12% SDS - 聚丙烯酰胺凝胶电泳结果

▶ 实验十一

蛋白质的 SDS – 聚丙烯酰胺凝胶电泳鉴定与分析

【实验目的】

（1）了解和掌握聚丙烯酰胺凝胶电泳的技术和原理。
（2）掌握用此法分离蛋白质组分的操作方法。

【实验原理】

　　在生物化学、分子生物学和基因工程实验中，常常要进行蛋白质和核酸的分离工作。聚丙烯酰胺凝胶电泳（polyacrylamide gel electrophoresis，PAGE）是以聚丙烯酰胺凝胶作为支持介质进行蛋白质或核酸分离的一种电泳方法。聚丙烯酰胺凝胶是由丙烯酰胺单体（acrylamide，ACR）和交联剂 N，N – 甲叉双丙烯酰胺（N, N-methylene bisacrylsmide，BIS）在催化剂的作用下聚合交联而成的三维网状结构的凝胶。通过改变单体浓度与交联剂的比例，可以得到不同孔径的凝胶，用于分离分子量大小不同的物质。聚丙烯酰胺凝胶聚合的催化体系有两种：①化学聚合：催化剂采用过硫酸铵，加速剂为 N、N、N′、N′-四甲基乙二胺（简称 TEMED）。通常控制这二种溶液的用量，使聚合在 1 h 内完成。②光聚合：通常用核黄素为催化剂，通过控制光照时间、强度控制聚合时间，也可加入 TEMED 加速反应。

　　聚丙烯酰胺凝电泳常分为二大类：第一类为连续的凝胶（仅有分离胶）电泳；第二类为不连续的凝胶（浓缩胶和分离胶）电泳。

　　一般地，不连续聚丙烯酰胺凝胶电泳有三种效应：①电荷效应（电泳物所带电荷的差异性）；②凝胶的分子筛效应（凝胶的网状结构及电泳物的大小形状不同所致）。③浓缩效应（浓缩胶与分离胶中聚丙烯酰胺的浓度及 pH 的不同，即不连续性所致）。因此，样品分离效果好，分辨率高。

　　SDS 即十二烷基硫酸钠（sodium dodecyl sulfate，简称 SDS），是阴离子表面活性剂，它能以一定比例和蛋白质结合，形成一种 SDS – 蛋白质复合物。这时，蛋白质即带有大量的负电荷，并远远超过了其原来的电荷，从而使天然蛋白质分子间的电荷差别降低乃至消除。与此同时，蛋白质在 SDS 作用下结构变得松散，形状趋于一致，所以各种 SDS – 蛋白质复合物在电泳时产生的电泳迁移率的差异，仅仅取决于蛋白质的分子量。另外，SDS – 蛋白质复合物在强还原剂（巯基乙醇）存在下，蛋白质分子内二硫键被打开，这样分离出的谱带即为蛋白质亚基。当分子量在 15 ～ 200 KD 之间时，蛋白质的迁移率和分子量的对数呈线性关系，符合下式：$\log MW = K - bX$，式中：MW 为分子量，X 为迁移率，K、b 均为常数。

　　本实验采用化学聚合法制胶，进行不连续的凝胶电泳，并用考马斯亮蓝快速染色，以分离和鉴定大肠杆菌菌体、发酵液中和纯化的蛋白产物。

【试剂与器材】

1. 试剂

（全班分两大组，每组配1份，如1～5组1份，6～10组1份）

（1）30%的凝胶贮备液：称取 ACR 30 g，Bis 0.8 g，溶于 100 mL 去离子水中，用3号新华滤纸过滤至棕色瓶中，4℃避光贮存。

（2）3 mol/L Tris 缓冲液，pH 8.9：称取 Tris base 36.6 g，1 mol/L 盐酸 48 mL，加超纯水至 100 mL。

（3）0.5 mol/L Tris-HCl，pH 6.8：6.05 g Tris base 溶于 40 mL 超纯水中，加 1 mol/L HCl 48 mL，加水补至 100 mL。

（4）5×Tris-g glycine 电泳缓冲液（pH 8.3），配 1 L。

（5）Tris-base 15.1 g，甘氨酸 94 g，SDS 5 g，加水至 1L（用时稀释 5 倍）。

（6）10% SDS：称 10 g SDS 溶解于 100 mL 去离子水中，贮存于室温中。

（7）四甲基乙二胺（TEMED）：浓度 10%，20 mL（全班共用），4℃保存。

（8）10%过硫酸铵（AP）：10 mL，新鲜配制，分装至 1.5 mL 离心管中，-20℃保存待用。

（9）样品溶解液：内含 1% SDS，1% 巯基乙醇，40% 蔗糖或 20% 甘油，0.02% 溴酚蓝，0.05 mol/L pH 8.0 Tris-HCL 缓冲液。

（a）先配制 0.05 mol/L pH 8.0 Tris-HCl 缓冲液：称 Tris 0.6 g，加入 50 mL 重蒸水，再加入约 3 mL 1 mol/L HCL，调 pH 至 8.0，最后用重蒸水定容至 100 mL。

（b）按表 2-11-1 配制样品溶解液。

表 2-11-1　样品溶解液制备

SDS	巯基乙醇	溴酚蓝	蔗糖	0.05 mol/L Tris-HCl	超纯水
100 mg	0.1 mL	2 mg	4 g	2 mL	加至 10 mL

如样品为液体，则应用浓度增加 1 倍的样品溶解液，然后等体积混合

（c）或配制 2×SDS 样品缓冲液（表 2-11-2）

表 2-11-2　2×SDS 样品缓冲液制备

成分	浓度
Tris-HCl（pH 6.8）	100 mmol/L
DTT	200 mmol/L
SDS	4%
溴酚蓝	0.2%
甘油	20%

（d）必要时加入少量（1%）巯基乙醇。

（10）考马斯亮蓝染色液：0.05 g 考马斯亮蓝 R250 溶于 25 mL 异丙醇里，加 11 mL 冰醋酸，加水至 110 mL，用滤纸过滤除去不溶物。

（11）0.1% 溴酚蓝指示剂（全班共用）。

（12）脱色液：75 mL 冰乙酸 + 50 mL 甲醇 + 875 mL 水（若配 500 mL，各物质减半）。

2. 器材

电泳仪、垂直板电泳槽、电泳板、微量进样器（50 μL）、染色/脱色摇床。

【操作方法】

（1）胶板模型的安装。

在干净的凹形玻璃板的 3 条边上放好塑料条（有些型号的电泳板已有固定的隔板），然后将另一块玻璃板压上，用夹子夹紧（或装在制板模型中），在两块板之间滴上热融的 10% 琼脂糖凝胶封边（装在制板模型中的则不需要封边）。

（2）分离胶的制备［10 mL，可供两块板（11 cm × 10 cm）使用］，见表 2 – 11 – 3。

表 2 – 11 – 3　分离胶的制备

成　分	浓　度				
	6%	10%	12%	15%	20%
无离子水	5.3	4.0	3.2	2.3	1.2
30% 凝胶液	2.0	3.3	4.0	5.0	6.7
3 mol/L Tris-HCl（pH 8.9）	2.6	2.6	2.6	2.6	2.6
10% SDS	0.1	0.1	0.1	0.1	0.1
10% APS（μL）	30	30	30	30	30
TEMED（μL）	20	10	10	10	10
总计（mL）	10	10	10	10	10

用手轻摇混匀，小心将混合液注入准备好的玻璃板间隙中，为浓缩胶留足够的空间（约为 2.5 cm），轻轻在顶层加入几毫升去离子水覆盖，以阻止空气中氧对凝合的抑制作用。

刚加入水时可看出水与胶液之间有界面，后渐渐消失，不久又出现界面，这表明凝胶已聚合。再静置片刻使聚合完全，整个过程约需 30 min（25 ℃室温）。

（3）浓缩胶的制备：先把已聚合好的分离凝胶上层的水吸去，再用滤纸吸干残留的水液。按表 2 – 11 – 4 配方制备各种体积的浓缩胶溶液：

表 2-11-4　浓缩胶溶液制备

成分	5 mL	8 mL	10 mL	15 mL
去离子水	3.4	5.5	6.8	10.2
30% 凝胶液	0.83	1.3	1.7	2.53
0.5 mol/L Tris-HCl（pH 6.8）	0.65	1.0	1.25	1.88
10% SDS	0.05	0.08	0.1	0.15
10% AP（μL）	40	80	100	120
TEMED（μL）	10	12	15	20

混合后将其注入分离胶上端，插入梳子，小心避免气泡的出现。

（4）在浓缩胶聚合的同时，将蛋白样品与 2×样品缓冲液等体积混合，置沸水或微量恒温器（100 ℃）中加热 3 min，马上插入冰上冷却待用。

（5）浓缩胶聚合完全后，将凝胶模板放入电泳槽上固定好，上下槽均加入 1×电泳缓冲液，小心地拔出梳子，用移液器冲洗梳孔，检查有无漏，并驱除两玻璃板间凝胶底部的气泡。

（6）按次序上样：用微量进样器往凝胶梳孔中加样品混合液，所加样品混合液体积要根据样品蛋白浓度而定，一孔加一个样品，同时用已知分子量的标准蛋白作对照。

本实验系统中需要分离鉴定的是纯化的 GFP 蛋白，点样样品和次序包括（见实验十）：

（a）蛋白分子量标准；（b）pUC18 细菌总蛋白；（c）pGFP 未诱导总蛋白；（d）pGFP 加 Glu 及 IPTG 诱导总蛋白；（e）pGFP 加 IPTG 诱导破菌后上清总蛋白；（f）层析时的穿流峰（杂蛋白）；（g）层析时的洗涤峰 I；（h）层析时的洗涤峰 II；（i）GFP 对照。

（7）电泳：开始时电压为 5～8 V/cm（约 100 V）凝胶，待染料浓缩成一条线开始进入分离胶后，将电压增到 10～12 V/cm（约 180 V）凝胶，继续电泳直到染料（溴酚蓝）抵达分离胶底部，断开电源。

（8）剥胶：取下胶板，从底部一侧轻轻撬开玻璃板，用手术刀切去浓缩胶，并切去一小角作记号。

（9）固定及染色：取下凝胶放入大培养皿，用考马斯蓝染色液染色并固定，最好放在摇床缓慢旋转 1～2 h。

（10）脱色：先用水洗去染料，再放入脱色液中浸泡，更换脱色液 3～4 次，约 4～8 h 或过夜。

（11）将脱色后凝胶中的蛋白质分离色带照相或干燥，也可无限期地用塑料袋封闭在含 20% 甘油的水中。

【注意事项与提示】

（1）丙烯酰胺和甲叉双丙烯酰胺具有神经毒性，因此称量时要戴手套。两者聚合后即无毒性，但为避免接触少量可能未聚合的单体，所以建议在配胶和制板过程中都要戴上手套操作。另外，配好的溶液之所以要避光保存，是因为此溶液见光极易脱氨基分解为丙烯酸和双丙烯酸。

（2）过硫酸铵极易吸潮失效，要密闭干燥低温保存。配好的 10% 过硫酸铵要分装冷藏。

（3）考马斯亮蓝 R-250（三苯基甲烷）染色：每分子含有 2 个 SO_3H 基团，偏酸性，结合在蛋白质的碱性基团上。与不同蛋白结合呈现基本相同的颜色。检测灵敏度约为 $0.2\sim0.5$ μg。也可用银染色：将蛋白带上的硝酸银还原成金属银、以使银颗粒沉积在蛋白带上。此法比考马斯亮蓝灵敏两个数量级，但步骤较复杂。

（4）制备聚丙烯酰胺凝胶时，倒胶后常漏出胶液，那是因为二块玻璃板与塑料条之间没封紧，留有空隙，所以这步要特别留心操作。有些型号的电泳板可在模型中直接安装，免去了封边和拆边的麻烦，还可以同时制备多块凝胶。

（5）AP 和 TEMED 是催化剂，加入的量要合适，过少则凝胶聚合很慢甚至不聚合，过多则聚合过快，影响倒胶。为避免过快聚合，可将加了催化剂的凝胶先放在冰中。

（6）加热使蛋白质充分变性。

（7）用移液器冲洗梳孔可将孔中的凝胶除去，以免点样孔不平齐或影响蛋白样品的沉降。

（8）两玻璃板间凝胶底部的大气泡可阻断电流，因此必须除去。

（9）总量一般不超过 20 μL，如果点样量太多溢出梳孔，就会污染旁边泳道。要根据样品浓度来加样品溶解液。每点一个样品后换一支吸头或清洗吸头后再点另一个样品。

（10）电泳时间要依据所用电压及待测蛋白分子量大小而定。

（11）电泳完毕撬板取凝胶时要小心细致，不能在凹形板双耳处撬，也不能用死力弄坏玻璃板。

（12）考马斯亮蓝染色液盖过凝胶即可，染色后染色液要回收，可重复使用多次。

（13）脱色过夜可使背景更干净，谱带更清晰。

【实验安排】

本实验试剂配制和电泳可在一天内完成，各小组要在上午配好试剂并做好胶，中午或下午即可开始电泳。

【实验报告要求与思考题】

（1）请就实验中出现的各种问题进行分析讨论。

（2）在不连续体系 SDS-PAGE 中，当分离胶加完后，需在其上加一层水，为什么？

（3）在不连续体系 SDS-PAGE 中，分离胶与浓缩胶中均含有 TEMED 和 AP，试述其作用。

（4）根据下式计算标准蛋白和待测样品的电泳迁移率，然后以标准蛋白的相对迁移率为横坐标，其分子量的对数为纵坐标作标准曲线图，根据标准曲线图准确计算待测蛋白的分子量。粗略估计待测蛋白分子量的方法是直接根据凝胶上的分子量标准进行估算。

$$电泳迁移率(Rf) = \frac{蛋白条带移动距离}{脱色后胶长度} \times \frac{染色前胶长度}{指示剂移动距离}$$

（5）为什么样品电泳前要高温加热？

（6）进行凝胶电泳时（图 2 - 11 - 1）应如何选择样品点样，设置对照？

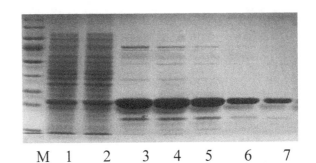

M 为蛋白分子量标准，1～7 为蛋白样品

图 2 - 11 - 1 蛋白质凝胶电泳

▶ 实验十二

Western 印迹鉴定目标蛋白

【实验目的】

（1）了解 Western 印迹法的原理及其意义，掌握 Western 印迹法的操作方法。

（2）应用 Western 印迹技术分析鉴定经 SDS-PAGE 分离后转移到尼龙膜上的重组蛋白。

【实验原理】

Western 印迹法也称为蛋白质印迹法。蛋白质样品经 SDS-PAGE 电泳后，凝胶所含的样品蛋白质区带通过电泳方法转移、固定到载体（如尼龙膜、硝酸纤维素膜和 PVDF 膜）上，固相载体以非共价键的形式与蛋白质结合，从而固定住蛋白质；以膜上的蛋白或多肽为抗原，与相应的第一抗体起免疫反应，再和酶标记或同位素标记的第二抗体反应，用适当的溶液漂洗去未结合抗体后，置含底物的溶液中温育，或通过放射自显影显出谱带，即可检测出样品中的特异蛋白组分。Western 印迹法在蛋白质分析方面有多种用途，如：鉴定目的蛋白，分析目的蛋白表达特性，分析蛋白质的修饰如磷酸化、乙酰化等，判断目的蛋白的大小，估算目的蛋白表达量，研究蛋白之间的相互作用等。

【试剂与器材】

1. 试剂和材料

（1）转移缓冲液：2.9 g 甘氨酸（39 mmol/L），5.8 g Tris 碱（48 mmol/L），0.37 g SDS（0.037%），200 mL 甲醇（20%），定容至 1 000 mL。

（2）封闭液：5% 脱脂奶粉，0.02% 叠氮钠，溶于 PBST 溶液中。

（3）（可选）丽春红 S（ponceaus）染液：0.5 g 丽春红 S 溶于 1 mL 冰乙酸中，加水至 100 mL。

（4）PBST 洗膜液：PBS 缓冲液含 0.5% Tween 20。

（5）显色试剂：市面上有多种显色试剂盒，本实验选用 Tanon™ High-sig ECL Western blotting substrate 化学发光显色试剂盒。

（6）5×PBS（磷酸缓冲液）：在 1 600 mL 蒸馏水中溶解 82.3 g 磷酸氢二钠，20.4 g 磷酸二氢钠，40 g 氯化钠，用 0.1 mol/L 氢氧化钠调 pH 至 7.4，加水定容至 2 L。高压灭菌 20 min，室温保存。用前稀释至 1×。

（7）SDS-PAGE 电泳用溶液和试剂。

（8）硝酸纤维素膜或 PVDF 膜［聚偏二氟乙烯膜（polyvinylidene fluoride）］。

2. 器材

（1）SDS-PAGE 电泳装置 1 套。

（2）电转移膜装置。

（3）抗体－酶反应摇床。

【操作方法】

1. 电转移

（1）将蛋白质样品进行 SDS-PAGE，待溴酚蓝跑出胶后停止电泳。

（2）戴手套切 6～8 张定性滤纸和 1 张 PVDF 膜，它们的大小应与凝胶的大小相同。在 PVDF 膜的一（左）角作一记号（或剪角），与滤纸和海绵（纤维）垫浸泡于转移缓冲液中。

（3）剥胶，并将凝胶裁成合适大小，切角以做记号。

（4）按下图 12－1 所示制备"夹心饼"，打开电极板，在一边放上 1 块纤维垫，再依次往上叠加 3～4 张滤纸，将凝胶轻放于滤纸上；再将 1 张 PVDF 膜放上，加上 3～4 张滤纸。每加上一种物品都要精确对齐，并确保没有气泡。再铺上纤维垫，最后将电极板夹上夹子插进转膜槽中。

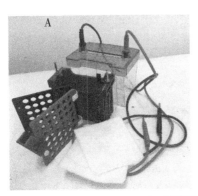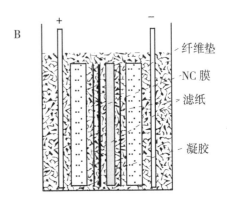

A：转移系统；B：转移系统安装

图 2－12－1 转移系统及其安装

（5）按图 2－12－1，接上电源（凝胶一边接负极，PVDF 膜一边接正极），将整个转移槽埋在冰中，100 mA 恒流电泳 1.5 h。

（6）关闭电源，将 PVDF 膜取出。

（7）（可选）置塑料盒中用丽春红 S 染色约 5 min，回收丽春红 S，然后用蒸馏水洗去背景染料显色，室温稍干燥后用铅笔描下分子量标准所在位置，然后用 PBST 浸泡几次，完全洗去丽春红 S 染料。（注：如用预染的蛋白分子量标准，则不需要此步骤。）

2. 封闭

将膜放入塑料盒中，加入 20 mL 封闭液，置脱色摇床中缓慢摇动，室温 1 h 或 4 ℃ 封闭过夜。

3. 靶蛋白与第一抗体结合

（1）弃去封闭液，加入含有第一抗体的封闭液 5～10 mL，室温平缓摇动温育 3 h。然后尽量回收抗体溶液，－20 ℃ 保存，可重复使用。

（2）用 PBST 室温洗膜 3 次，每次 10 min。

4. 与第二抗体反应

（1）弃去 PBST 溶液，加入适量（5～10 mL）含有第二抗体的封闭液，室温下平缓摇动温育 1 h，尽量回收第二抗体。

（2）用 PBST 溶液漂洗 PVDF 膜 3 次，每次 10 min。

5. 显色 （具体操作参见试剂盒说明书）

（1）Luminol reagent 和 Peroxide reagent 1：1 混合，倒入盒中（全班两盒），每组依次加入 PVDF 膜，轻轻摇动约 1 min。

（2）取出膜，立即置天能化学发光成像系统中曝光、拍照。也可以直接将数微升显色混合液直接涂布在膜上，立即置天能化学发光成像系统中观察。

【注意事项与提示】

（1）电泳时间要根据目标蛋白大小而定。

（2）为避免干燥，可在胶上滴转膜缓冲液或浸泡在转膜缓冲液中，使其离子强度和 pH 值与转膜缓冲液一致。

（3）可用一圆棒在滤纸上来回滚动以驱除气泡。

（4）丽春红 S 染色后整张膜呈红色，由于丽春红 S 与膜上蛋白的结合很不紧密，因此脱背景色时要注意观察，勿将红色的蛋白带也洗去；脱色完毕，观察转移效果，并用铅笔在分子量标准带处做上记号。如果用预染的分子量标准，则不需要用丽春红染色。

（5）封闭液的作用是封闭膜上没有蛋白带的部位，以减少抗体的非特异结合；可根据实验安排在 4 ℃ 封闭过夜。

（6）抗体的用量以浸没 PVDF 膜为准，用封闭液稀释第一抗体，抗体的稀释度要由预实验来定，下列数值可作为参考。

多克隆抗体：1：100 至 1：5 000

鼠源单克隆抗体：1：1 000 至 1：10 000

（7）PBS 对膜上的蛋白没有影响，但可洗去剩余的封闭液和其他杂质；Tween 20 是一种非离子型去污剂，含适当浓度 Tween 20 的 PBST 可洗去非特异结合的抗体，使整张膜的背景更清晰。

（8）一般所用的第二抗体（抗兔疫球蛋白或蛋白质 A）为酶标抗体，如辣根过氧化物酶标抗体或碱性磷酸酶标抗体。第二抗体的稀释度一般为 1 : 200 至 1 : 2 000。本实验中第一抗体为鼠源单克隆抗体，因此二抗应选择兔抗鼠抗体，若一抗为兔源多克隆抗体，二抗应选择羊抗兔抗体。

（9）显色也可用 DAB 法，但 DAB 有致突变之嫌，因此要戴手套操作；辣根过氧化物酶显色的条带在阳光下几个小时就会褪色，因此要尽快拍照。

【实验安排】

试剂配制 – 电泳 – 转移：1 天；
杂交 – 显色 – 结果处理：约 0.5 天。
如果实验安排紧凑，也可以同一天稍晚时间完成。

【实验报告要求与思考题】

（1）用数码相机拍下丽春红 S 染色和最后抗体显色的结果，计算目标蛋白的分子量，并对结果加以分析。如用预染蛋白分子量标准，则不用丽春红 S 法。

（2）对实验中出现的其他问题进行分析讨论。

（3）进行凝胶电泳时（图 2 – 12 – 2）应如何选择样品点样，设置对照？

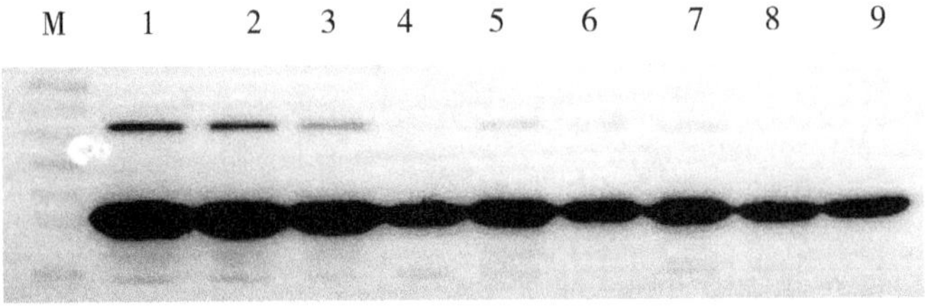

M 为预染蛋白分子量标准，1～9 为各阶段纯化的样品

图 2 – 12 – 2　Western 杂交结果

第三编 备选、示范性和探索性实验

▶ 实验一

酿酒酵母基因组 DNA 的提取

【实验目的】

(1) 了解酿酒酵母基因组 DNA 提取的原理。

(2) 掌握将基因组 DNA 从细胞各种生物大分子中分离的技术。

【实验原理】

从各种生物材料中提取 DNA（包括质粒 DNA 的提取）是基因工程实验最常见的操作之一。高质量 DNA 的获得是基因组文库构建、基因克隆、序列测定、PCR 及 DNA 杂交等实验的基础。基因组 DNA 提取的方法依实验材料和实验目的而略有不同，但总的原则都是首先将细胞破碎，然后用有机溶剂及盐类将 DNA 与蛋白质、大分子 RNA 及其他细胞碎片分开，用 RNA 酶将剩余的 RNA 降解，最后用乙醇（或异丙醇）将 DNA 沉淀出来。本实验以酿酒酵母（*Saccharomyces cerevisiae*）细胞（图 3 – 1 – 1）为材料提取 DNA。酵母具有较厚的细胞壁，所以先用溶壁酶如 Zymolyase 将细胞壁溶解，然后用 SDS 将细胞裂解并使蛋白质变性，再用醋酸钾溶液将 DNA 与其他细胞成分分开，最后用乙醇或异丙醇将 DNA 沉淀。此法的优点是各种操作条件较温和，可获得较完整的基因组 DNA。

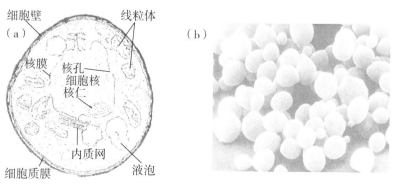

（a）：为电镜切片横切面；（b）：为扫描电镜图

图 3 – 1 – 1 酵母细胞

【材料和仪器】

（1）菌种：酿酒酵母 *Saccharomyces cerevisiae* W303a：单倍体菌株。

（2）培养基：YPD（酵母粉 10 g，蛋白胨 20 g，葡萄糖 20 g，加水至 1 000 mL，溶解，自然 pH 值，121 ℃灭菌 20 min，如果配制固体培养基，则加入 2% 的琼脂粉溶解灭菌。

（3）试剂：1 mol/L 甘露醇，0.1 mol/L Na_2EDTA（pH 7.5），10% SDS，5 mol/L 醋酸钾（pH 5.5），50 mmol/L Tris-HCl（pH 7.4），20 mmol/L Na_2EDTA（pH 7.5），100% 异丙醇，TE（pH 8.0）[10 mmol/L Tris-HCl（pH 8.0），1 mmol/L Na_2EDTA]，3 mol/L 醋酸钠（pH 7.4）；Zymolyase 100 000 溶液：配成 2.5 mg/mL[溶于 1 mol/L 甘露醇，0.1 mol/L Na_2EDTA（pH 7.5）中]。

（4）RNA 酶 A 溶液（备择）：称取一定量 RNA 酶 A 溶于 50 mmol/L 醋酸钾（pH 5.5）中配成 1 mg/L 浓度，煮沸 10 min，−20 ℃保存。

【操作步骤】

（1）用接种环（或无菌牙签）从 YPD 平板上刮取新鲜的单菌落，接种在含 5 mL YPD 的大试管中，30 ℃振荡培养过夜；

（2）测培养液在 OD_{600} 的值，然后将培养液转至 10 mL 离心管中，于室温下以 2 000 r/min 离心 5 min，倒去上清液；

（3）加入 0.5 mL 的 1 mol/L 甘露醇，0.1 mol/L Na_2EDTA 以悬浮细胞，然后用移液枪将悬浮液转至 1.5 mL 的 EP 离心管中；

（4）加 0.02 mL 的溶壁酶，37 ℃水浴反应 60 min；

（5）于台式离心机上以 10 000 r/min 离心 30 s；

（6）去上清，将沉淀悬浮在 0.5 mL 的 50 mmol/L Tris-HCl 和 20 mmol/L 的 Na_2EDTA 中；

（7）加 0.05 mL 的 10% SDS，充分混匀；

（8）65 ℃保温 30 min（以裂解细胞膜和将蛋白质变性）；

（9）加 0.2 mL 的 5 mol/L 醋酸钾，将管置冰上 60 min；

（10）12 000 r/min 离心 5 min；小心地将上清转入一新鲜的离心管中（切勿吸到下层沉淀！），加入等体积的异丙醇，轻混匀并置室温 5 min，然后 12 000 r/min 离心 10 s，小心吸去上清，将核酸沉淀物晾干；

（11）将沉淀重新悬浮在 300 μL 的 TE（pH 8.0）中；

（12）[（12）～（14）为选做] 加 15 μL 的 1 mg/L RNA 酶 A 溶液，37 ℃水浴反应 20 min；

（13）加 30 μL（1/10 体积）的 3 mol/L 醋酸钠，混匀，再加入 0.2 mL 100% 异丙醇沉淀，同步骤（10）离心，收沉淀，室温晾干。

（14）将沉淀重新溶于 0.1～0.3 mL 的 TE 中。

（15）琼脂糖凝胶电泳检测 DNA 的纯度和质量（参见第二编实验二）。

【注意事项与提示】

（1）酿酒酵母是一种单细胞的低等真核模式生物，培养简单，遗传背景清楚，基因操作简便，广泛应用于遗传学、细胞及分子生物学各方面的研究。

（2）RNA 酶 A 来自小牛胰腺，特异性地在 C 和 U 位点处降解单链 RNA。此酶非常耐热，100 ℃加热 15 min，也不能将其灭活；而 DNA 酶在此温度下已完全失活。

（3）在本实验的培养条件下酵母大约每 1.5 h 增殖 1 代，过夜培养后菌液将达到饱和。

（4）第（4）步结束后可在显微镜下观测酶解的效果。具体做法是：取数微升菌液加在载玻片上，滴加 1 滴 10% 的 SDS，放显微镜下观察。消化完全的酵母菌呈透明的圆形。

（5）第（13）步中 DNA 切勿晾得过干，否则难于溶在 TE 缓冲液或水中。以沉淀边缘变透明而中间尚为白色（未完全干燥）为宜。

【实验安排建议】

第 1 天配好各种试剂和培养基，下午接酵母菌至试管中培养过夜，第 2 天完成 DNA 提取和鉴定实验。

【实验报告要求与思考题】

（1）上交总 DNA 电泳图。
（2）为什么要在操作步骤 2 中测培养液 OD_{600} 的值？
（3）加 0.2 mL 的 5 mol/L 醋酸钾的作用是什么？
（4）沉淀 DNA 时加 1/10 体积的 3 mol/L 醋酸钠，为什么？

实验二

酿酒酵母和植物总 RNA 的提取和纯化

【实验目的】

（1）进一步熟悉 RNA 的操作。
（2）了解酿酒酵母/植物 RNA 提取的特点，并对原核生物和真核生物的 RNA 进行比较。

【实验原理】

酿酒酵母细胞与动物细胞和细菌细胞不同，前者本身含有较厚的细胞壁，植物除了细胞壁之外，还含有较多量的多糖以及次生代谢产物如多酚类、萜类及单宁等。这些物质的含量在不同的植物种类、组织器官、不同的生长环境及不同的发育阶段都有不同。因此，提取 RNA 时需要用特定的试剂将这些物质与 RNA 分开。对于细胞壁，一个较好的方法是用液氮将材料冷冻，磨成粉末；使用液氮还可以抑制核酸酶的活性，避免操作过程中 RNA 酶将 RNA 降解。多糖的化学性质与核酸类似，因此不易将两者分开，在已报道的几种方法中，最常用的是通过加醋酸钾，选择性地沉淀多糖。多酚类在氧化条件下与 RNA 交联而共沉淀，从而干扰 RNA 的分离，并影响后续的 RNA 操作。PVP（poly-vinylpyrolidone）可通过氢键结合沉淀多酚类、萜类及单宁等。添加还原试剂如 β - 巯基乙醇、二硫苏糖醇等可阻止多酚类的氧化，使之不能与 RNA 交联，并破坏 RNA 酶的二硫键。高浓度的硼酸盐可与酚类结合，因而是二酚氧化酶的竞争性抑制剂。还可通过添加蛋白酶 K 降解酚氧化酶、核糖核酸酶（RNA 酶）。胍盐、异硫氰酸胍可使 RNA 酶变性和失活，酚抽提可使 RNA 酶变性并在一定 pH 值下使蛋白质、DNA 与 RNA 分开。

酵母总 RNA 的提取一般有两种方法，一种是先提取总核酸，然后再将 DNA 与 RNA 分开；另一种是直接制备。同学们可尝试同时用两种方法制备，然后比较两种方法的优劣。

【试剂与材料】

（1）酿酒酵母 W303a。
（2）提取缓冲液见表 3 - 2 - 1。

表 3 - 2 - 1　缓冲液的提取

成分	原液浓度	加量	终浓度
Tris pH 8.0	1 mol/L	10 mL	100 mmol/L
EDTA	0.5 mol/L	10 mL	50 mmol/L

续表 3-2-1

成分	原液浓度	加量	终浓度
氯化钠	5 mol/L	10 mL	500 mmol/L
β-巯基乙醇	14.4 mol/L	694 μL	10 mmol/L
DEPC 处理水	加至 100 mL		

（3）异硫氰酸胍溶液（GT 溶液）。制备见表 3-2-2。

表 3-2-2　异硫氰酸胍溶液的制备

成分	加量	终浓度
异硫氰酸胍	29.55 g	5 mol/L
硝酸钠	0.44 g	30 mmol/L，pH 7.0
Sarcosyl	0.3 g	0.6%
β-巯基乙醇	0.5 mL	1%
DEPC 处理水	至 50 mL	

（4）5 mol/L 醋酸钾，10% SDS，3 mol/L 醋酸钠，pH 4.0，氯仿：异戊醇(49∶1)，灭菌的研钵，液氮，水饱和重蒸酚。

【操作方法】

1. 酿酒酵母细胞的培养和收获

从 YPD 平板上挑新鲜的酵母单菌落接种于装 50 mL YPD 液体培养基的三角瓶中，30 ℃，180 r/min 振荡培养至 OD_{600} = 1.5，迅速置冰上冷却，然后于 4 ℃ 以 3 000 r/min 离心收菌体，再以无菌蒸馏水洗细胞 2 次，同上法离心收集细胞。

2. 醋酸钾法结合异硫氰酸胍法制备总 RNA

（1）总核酸的提取：

称取酵母细胞约 1 g，于研钵中以液氮反复冷冻磨成粉后（约 20 min），分装到 4 个 1.5 mL 的离心管中，各加提取缓冲液 1 mL，剧烈振荡，然后置于 65 ℃ 保温 30 min，不时摇匀；加 275 μL 5 mol/L 醋酸钾使终浓度为 1 mol/L，混匀后置冰上 20 min，以 10 000 r/min 离心 10 min，取上清液，加入 2/3 体积异丙醇沉淀，-20 ℃ 放置 1 h 或过夜，然后以 10 000 r/min 离心 10 min，沉淀用 70% 乙醇洗 2 次 [此步骤为洗去盐分，盐分可溶于 70% 乙醇中，而 RNA（DNA 亦然）不溶]，无水乙醇洗 1 次，室温晾干后，溶于 100 μL TE，必要时可于 65 ℃ 促溶，再稍离心除去不溶物，得到酿酒酵母总核酸，取 2 μL 用电泳检测，其余置于 -20 ℃ 保存或立即进行总 RNA 纯化的工作。

（2）总 RNA 的纯化：

取 50 μL 核酸样品加入 200 μL GT 溶液，振荡摇匀，用离心机甩 10 s，加 15 μL 3 mol/L 醋酸钠（pH 4.0），250 μL 苯酚，50 μL 氯仿/异戊醇，摇匀约 10 s，放冰上 5 min，以 12 000 r/min 离心 5 min，取上层水相 150 μL 左右，加入等体积异丙醇，冰浴 30 min，然后 1 000 r/min 离心 10 min，小心倒出上清后，加入 300 μL 70% 冷乙醇，离心 1 min，洗两次，最后用无水乙醇洗 1 次，室温干燥，用 100 μL DEPC 处理水溶解，取 1 μL 样品用 1% 琼脂糖电泳检查纯化的质量，并取少量于 $OD_{260/280}$ 紫外光下测定浓度及纯度后，配成一定浓度的溶液（视下一步的实验目的而定），于 − 70 ℃ 或 − 20 ℃ 保存。

3. 直接用异硫氰酸胍法制备总 RNA

酿酒酵母细胞的培养和收获同上法，然后直接向细胞中加入 2 mL GT 溶液，转至研钵中，加液氮充分研磨，然后将研磨液转入 1.5 mL 离心管中，每管约 500 μL，依次加入下列溶液，每加 1 个，混匀 1 个：1/10 体积（50 μL）3 mol/L 醋酸钠，等体积水饱和酚（500 μL），1/5 体积氯仿：异戊醇（49∶1）（100 μL），于振荡器上剧烈振荡约 10 s，置冰上 10 min，然后以 10 000 r/min 离心 5 min，取上清加等体积异丙醇于 − 20 ℃ 沉淀 1 h 以上，10 000 r/min 离心 10 min，沉淀以 70% 乙醇洗 2 次，100% 乙醇洗 1 次，室温晾干，用适量 DEPC 处理水溶解，电泳检测、浓度测定和分装保存方法同上。

4. 植物总 RNA 的提取

将植物材料（一般是叶子）洗净晾干，称取一定重量用液氮充分研磨。其余同上法。

【注意事项与提示】

（1）玻璃器皿最好是干热灭菌，用锡纸包好研钵在 200 ℃ 灭菌 2 h，烘干使用。

（2）注意戴手套操作。

（3）酚必须是水饱和的，此时溶液偏酸性，在此条件下，DNA 和变性的蛋白质溶于酚相中或在有机相和水相之间，而 RNA 则溶于水相中。

【实验安排建议】

第 1 天配好各种试剂和培养基，下午接酵母菌至试管中培养过夜；第 2 天完成 RNA 提取和鉴定实验。

【实验报告要求与思考题】

（1）测定所提取的 RNA 的浓度和纯度。

（2）用示意图将电泳图中各种类型的 RNA 标出，并对结果进行讨论。

（3）可尝试两种 RNA 提取方法，并比较两者提取 RNA 的效果。

（4）RNA 提取过程中的注意事项。

▶ 实验三

真核生物 mRNA 的提取和纯化

【实验目的】

（1）了解分离真核生物 mRNA 的原理。

（2）学习和掌握真核生物 mRNA 的分离、纯化的方法和技术。

【实验原理】

真核生物的 mRNA 分子是单顺反子，是编码蛋白质的基因转录产物。真核生物的所有蛋白质归根到底都是 mRNA 的翻译产物。因此，高质量 mRNA 的分离纯化是克隆基因、提高 cDNA 文库构建效率的决定性因素。哺乳动物平均每个细胞含有约 1×10^{-5} μg RNA，理论上认为每克细胞可分离出 $5 \sim 10$ mg RNA。其中 rRNA 为 $75\% \sim 85\%$，tRNA 占 $10\% \sim 16\%$，而 mRNA 仅占 $1\% \sim 5\%$，并且 mRNA 分子种类繁多，分子量大小不均一，表达丰度也不一样。

真核生物 mRNA 有特征性的结构，即具有 5′ 端帽子结构（m^7G）和 3′ 端的 poly（A）尾巴——绝大多数哺乳动物细胞的 3′ 端存在 $20 \sim 300$ 个腺苷酸组成的 poly（A）尾，通常用 poly（A^+）表示，这种结构为真核 mRNA 分子的提取、纯化，提供了极为方便的选择性标志，寡聚(dT)纤维素或寡聚（U）琼脂糖亲和层析分离纯化 mRNA 的理论基础就在于此。

一般 mRNA 分离纯化的原理就是根据 mRNA 3′ 末端含有多 poly（A）尾巴结构特性设计的。当总 RNA 流经寡聚(dT)［即 Oligo（dT）］纤维素柱时，在高盐缓冲液作用下，mRNA 被特异地吸附在 Oligo（dT）纤维素柱上，在低盐浓度或蒸馏水中，mRNA 可被洗下，经过两次 Oligo（dT)纤维素柱，即可得到较纯的 mRNA。

目前常用的 mRNA 的纯化方法有：

（1）寡聚(dT)-纤维素柱层析法，即分离 mRNA 的标准方法；

（2）寡聚(dT)-纤维素液相离心法，即用寡聚(dT)-纤维素直接加入到总的 RNA 溶液中并使 mRNA 与寡聚(dT)-纤维素结合，离心收集寡聚(dT)-纤维素/mRNA 复合物，再用洗脱液分离 mRNA，然后离心除去寡聚(dT)-纤维素；

（3）其他一些方法：如寡聚(dT)-磁性球珠法等。

本实验应用方法（1）进行 mRNA 的分离纯化。

【试剂与器材】

1. 试剂

（1）0.1 mol/L 氢氧化钠，每组 200 mL。

（2）寡聚 Oligo（dT）- 纤维素。

（3）加样/洗涤缓冲液 1：0.5 mol/L 氯化钠，20 mmol/L Tris-HCl（pH 7.6），每组 250 mL；或 0.5 mol/L 氯化钠，20 mmol/L Tris-HCl（pH 7.6），1 mmol/L EDTA（pH 8.0），0.1% SDS。

（4）洗涤缓冲液 2：0.1 mol/L 氯化钠，20 mmol/L Tris-HCl（pH 7.6），每组 250 mL；或 10 mmol/L Tris-HCl（pH 7.6），1 mmol/L EDTA（pH 8.0），0.05% SDS。配制时可先配制 Tris-HCl（pH 7.6）、氯化钠、EDTA（pH 8.0）的母液，经高压消毒后按各成分确切含量，经混合后再高压消毒，冷却至 65 ℃ 时，加入经 65 ℃ 温育（30 min）的 10% SDS 至终浓度。

（5）5 mol/L 氯化钠，每组 10 mL。

（6）3 mol/L 醋酸钠 pH 5.2，每组 10 mL。

（7）无 RNA 酶超纯水（DEPC 水），每组 100 mL。

（8）70% 乙醇，每组 10 mL。

注意：溶液（4）和（5）的配制都应该加 0.1% DEPC 处理过夜，溶液（1）、（3）、（4）、（7）则用经 0.1% DEPC 处理过的无 RNA 酶超纯水配制，Tris 应选用无 RNA 酶的级别。溶液配制后，最好能够按 1 次实验所需的分量分装成多瓶（如 10 mL 或 50 mL/瓶）保存，每次实验只用 1 份，避免多次操作造成对溶液的污染。

2. 器材

（1）恒温水浴箱。

（2）冷冻高速离心机。

（3）紫外分光光度计。

（4）巴斯德吸管。

（5）玻璃棉。

（6）5 mL 的一次性注射器。

【操作步骤】

1. Oligo（dT）- 纤维素的预处理

（1）用 0.1 mol/L 氢氧化钠悬浮 0.5～1.0 g Oligo（dT）- 纤维素。

（2）将悬浮液装入填有经 DEPC 水处理并经高压灭菌的玻璃棉的巴斯德吸管中，柱床体积为 0.5～1.0 mL，用 3 倍柱床体积的无 RNA 酶的灭菌超纯水冲洗 Oligo（dT）- 纤维素。

（3）用 3～5 倍柱床洗涤缓冲液 1 冲洗 Oligo（dT）- 纤维素，直到流出液的 pH 值小于 8.0。

（4）将处理好的 Oligo（dT）- 纤维素从巴斯德吸管倒出，用适当的柱床洗涤缓冲液 1 悬浮，浓度约为 0.1 g/mL，保存在 4 ℃ 待用。

2. 总 RNA 浓度的调整

（1）把实验一所提的总 RNA 转到适合的离心管中，如果总 RNA 的浓度大于 0.55 mg/mL，则用无 RNA 酶的超纯水稀释至 0.55 mg/mL，总 RNA 的浓度对除去 rRNA 是很重要的。把 RNA 溶液置于 65 ℃ 水浴加热 5 min，然后迅速插在冰上冷却。

（2）加入 1/10 体积 5 mol/L 氯化钠使 RNA 溶液中盐的浓度调至 0.5 mol/L。

3. mRNA 的分离

（1）mRNA 与 Oligo（dT）-纤维素结合：用移液器重新悬浮 Oligo（dT）-纤维素，按表 3-3-1 取适量的 Oligo（dT）-纤维素到 RNA 样品中，盖上盖子，颠倒数次将 Oligo（dT）-纤维素与 RNA 混匀。于 37 ℃ 水浴保温并温和摇荡 15 min。

3-3-1　不同总 RNA 范围下的配制比例

总 RNA（mg）	寡聚 Oligo（dT）-纤维素（mL）	洗涤缓冲液 1，2（mL）	洗脱体积（mL）
<0.2	0.2	1.0	1.0
0.2～0.5	0.5	1.5	1.5
0.5～1.0	1.0	3.0	3.0
1.0～2.0	2.0	5.0	5.0

（2）转移：取 1 个 5 mL 的一次性注射器，取适量经过高温灭菌的玻璃棉塞紧前端，并把它固定在无 RNA 酶的支架上，再把 Oligo（dT）-纤维素/RNA 悬浮液转移到注射器，推进塞子直至底部，把含有未结合上的 RNA 液体排到无 RNA 酶的离心管中（保留至确定获得足够的 mRNA）。

（3）洗涤：根据上表直接用注射器慢慢吸取适量的洗涤缓冲液 1，温和振荡，使 mRNA-Oligo（dT）-纤维素充分重新悬浮，推进塞子，用无 RNA 酶的离心管收集洗出液。测定每一管的 OD_{260}，当洗出液中 OD_{260} 为 0 时准备洗脱。

（4）洗脱：根据上表直接用注射器慢慢吸取适量（2～3 倍柱床体积）的洗脱缓冲液 2 或无 RNA 酶超纯水到注射器内充分重悬 mRNA-Oligo（dT）-纤维素，推进塞子以 1/3 至 1/2 柱床体积分管收集洗脱液。

（5）测定每一管的 OD_{260}，合并含有 RNA 的洗脱液组分于 4 ℃，2 500 g，离心 2～3 min，上清转移至新的离心管中，去掉残余的 Oligo（dT）-纤维素。

（6）沉淀：洗脱液中加入 1/10 体积的 3 mol/L 醋酸钠（pH 5.2），再加入 2.5 倍体积的冰冷乙醇，混匀后，-20 ℃ 放置 30 min 或放置过夜。

（7）离心收集：12 000 r/min，4 ℃ 离心 15 min，小心弃去上清，mRNA 沉淀此时往往看不见，用 70% 乙醇漂洗沉淀，以 12 000 r/min，4 ℃ 下离心 5 min，小心弃去上清液，沉淀空气干燥 10 min，或真空干燥 10 min。将 mRNA 沉淀溶于适当体积的无 RNA 酶的超纯水，立即用于 cDNA 合成（或保存在 70% 乙醇中并贮存于 -70 ℃）。

（8）定量：测定 OD_{260} 和 OD_{280}，计算产率以及 OD_{260}/OD_{280} 的比率（同第三编实验

二)，电泳图见图 3 – 3 – 1。

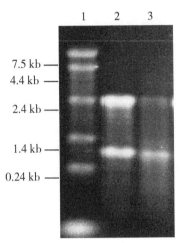

1：0.24～7.5 kb RNA 分子量标准；2：小鼠肝脏总 RNA；3：小鼠肝脏 mRNA

图 3 – 3 – 1　mRNA 变性琼脂糖凝胶电泳图

【注意事项与提示】

（1）整个操作过程必须严格遵守无 RNA 酶操作环境规则。

（2）提取的总 RNA 必须完整，不能被降解，这是保证 mRNA 质量的先决条件。

（3）总 RNA 与 Oligo（dT）– 纤维素的比例要适当，过量的总 RNA，容易造成 mRNA 不纯。

（4）RNA 溶液与 Oligo（dT）– 纤维素结合前必须置于 65 ℃加热 5 min，这一步很重要，其作用：①破坏 mRNA 的二级结构，特别是 poly（A$^+$）尾处的二级结构，使 poly（A$^+$）尾充分暴露，提高 poly（A$^+$）RNA 回收率；②解离 mRNA 与 rRNA 的结合。加热后应立即插入冰上，以免由于温度的缓慢下降使 mRNA 又恢复其二级结构。

（5）应注意 mRNA 不能被 DNA 污染，即使是 1 ppm DNA 污染，也可严重影响实验结果。

（6）mRNA 制备后，可用变性琼脂糖凝胶电泳检测其完整性和有无 DNA 污染。提取的 mRNA 应该在 0.5～8.0 kb 之间，呈现弥散状，无明显区带，但大部分的 mRNA 应在 1～2.0 kb 范围内（如下图）。一般来说，经过一次纯化分离的 mRNA 还会有微量的 rRNA 残留，但一般来说不会对后续实验造成很大的影响，如果样品充足，可将经过一次纯化分离的 mRNA 再纯化一次，进一步提高其纯度。

（7）为防止 mRNA 降解，应避免多次冻融，可将 mRNA 少量分装后保存。另外，如果有低温冰箱，最好在 – 70 ℃～ – 80 ℃保存。也可将 mRNA 在 70% 乙醇中 – 70 ℃保存一年以上。

（8）寡聚(dT)纤维素柱用后可用 0.3 mol/L 氢氧化钠洗净，然后用层析柱加样缓冲液平衡，并加入 0.02% 叠氮钠（NaN$_3$）冰箱保存，重复使用。每次用前需用氢氧化钠、灭菌超纯水、层析柱加样缓冲液依次淋洗柱床。

（9）一般而言，10^7 个哺乳动物培养细胞能提取 $1 \sim 5~\mu g$ Poly（A+）RNA，约相当于上柱总 RNA 量的 $1\% \sim 2\%$。

【实验安排】

（1）第一天：试剂的配制和所用一次性塑料制品和玻璃器皿的去 RNA 酶处理（0.1% DEPC 浸泡或高温干烤）。

（2）第二天：进行 1、2 和 3（1）～3（6）所述实验。

（3）第三天：进行 3（7）和变性琼脂糖凝胶电泳检测 mRNA。

（4）为了避免由于保存时间过长造成的 RNA 降解，最好能将总 RNA 提取、mRNA 的分离纯化、RT-PCR 和 cDNA 文库构建实验安排在连续的时间内进行。

【实验报告要求与思考题】

（1）mRNA 的 OD_{260} 和 OD_{280} 值，OD_{260}/OD_{280} 比率和计算 mRNA 产率。

（2）观察 mRNA 变性琼脂糖凝胶电泳结果。

（3）为什么 mRNA 提取是 cDNA 合成成败的关键？

实验四

cDNA 文库的构建

【实验目的】

学习和掌握一种构建质粒 cDNA 文库的技术和方法。

【实验原理】

从真核生物的组织或细胞中提取的 mRNA，在逆转录酶的作用下，可在体外被反向转录合成单链 DNA 拷贝，这种单链拷贝 DNA 的核苷酸序列完全互补于模板 mRNA，称之为互补 DNA（cDNA）。然后以单链 cDNA 为模板，由 DNA 聚合酶 I 可合成第二链，得到双链 cDNA。将双链 cDNA 和载体连接，然后转化扩增，即可获得 cDNA 文库，用于研究真核生物基因的结构、功能以及目的基因的克隆。cDNA 文库的构建已成为当今真核分子生物学研究的基本手段。近年来，随着分子生物学技术的发展，cDNA 文库的构建方法有了许多改进和提高，尤其是 PCR 技术的发明和引进使从少量来源的组织和细胞中构建 cDNA 文库成为可能。

目前 cDNA 构建试剂已有多种商品化形式，其中 Clontech 公司的 SMART cDNA Library Construction Kit（Protocol ＃ PT3000 – 1，Version ＃ PR0X709）是比较有特色的一种。衡量 cDNA 文库的质量主要有两个指标：①全长 cDNA 的比率和 cDNA 插入片段的长度；②文库克隆的数目。为了增加 cDNA 文库全长 cDNA 的比率和 cDNA 插入片段的长度，该试剂盒使用了 SMART（Switching Mechanism At 5′ end of the RNA Transcript）专利技术来合成 cDNA，其原理是利用真核生物 mRNA 5′端的甲基化 G（m^7G）、5′ – 5′三磷酸键连接的特殊的帽子结构和 3′端的 PolyA 尾的特点设计锚定引物，分别进行第一链合成。即利用逆转录酶内源的末端转移酶活性，在合成 cDNA 的反应中事先加入 3′末端带 Oligo（dG）的 SMART 引物，在到达 mRNA 的 5′末端时碰到真核 mRNA 特有的"帽子结构"——甲基化的 G 时，会连续在合成的 cDNA 末端加上几个（dC），SMART 引物的 Oligo（dG）与合成 cDNA 末端突出的几个 C 配对后形成 cDNA 的延伸模板，逆转录酶会自动转换模板，以 SMART 引物作为延伸模板继续延伸 cDNA 单链直到引物的末端，这样得到的所有 cDNA 单链的一端有含 Oligo（dT）的起始引物序列，另一端有已知的 SMART 引物序列，合成第二链后可以利用通用引物进行 PCR 扩增。由于有 5′帽子结构的 mRNA 才能利用这个反应得到能扩增的 cDNA，因此扩增得到的 cDNA 就是全长 cDNA。随后利用 LD Taq PCR 系统进行 cDNA 高保真扩增，酶切消化和柱回收 cDNA，从而实现富集全长 cDNA 的目的。

同时为了保证 cDNA 第一链合成的产量和长度，SMART cDNA 构建试剂盒合成 cDNA 第一链采用的是无 RNA 酶 H 活性（RNA 酶 H – ）的逆转录酶：PowerScript™ Reverse 转录酶。常规的逆转录酶如禽类成髓细胞病毒（AMV）逆转录酶和鼠白血病病毒

（MLV）反转录酶在本身的聚合酶活性之外，都具有内源 RNA 酶 H 活性。RNA 酶 H 活性同聚合酶活性相互竞争 RNA 模板与 DNA 引物或 cDNA 延伸链间形成的杂合链，并降解 RNA：DNA 复合物中的 RNA 链。被 RNA 酶 H 活性所降解的 RNA 模板不能再作为合成 cDNA 的有效底物，降低了 cDNA 合成的产量和长度。

文库克隆的数目取决于双链 cDNA 和载体连接克隆的效率。常规的建库需要在合成的 cDNA 双链两端通过连接加上相同或者不同的衔接子蛋白，用相应的酶切后可以插入载体中。由于连接效率低往往导致低丰度或者是较长的 cDNA 信息的丢失，使文库偏重高丰度和较短的基因，失去应有的代表性。在做表达文库时，如果 cDNA 的两端是同一个酶切位点，由于 cDNA 可能按两个不同的方向接入载体，反向接入载体的那些 cDNA 不能正确表达，因而有 50% 的可能丢失。然而用两个不同的衔接子蛋白又会涉及双酶切以及双酶切是否完全的问题，影响产率。另外由于表达时 3 个碱基代表一个氨基酸，不同的表达框架会得到不同的产物，因此正向插入一个表达载体的 cDNA 只有 1/3 的可能得到正确的产物。虽然一度有 ABC 表达载体的解决方法，但是一段 DNA 同时插入 3 个载体的机会是有限的。

SMART cDNA 构建试剂盒则较好地解决了上述问题。这个试剂盒的 SMART 引物和 CDS（cDNA Synthesize）引物分别带有一个不完全相同的 SfiI 酶切位点。SfiI 是一个在真核生物基因组中极为稀少的酶，出现的频率要远远小于 NotI、EcoRI 等识别 6 个碱基位点的酶。SfiI 识别序列为 GGCCNNNN′NGGCC，中间的 5 个碱基为任意序列。因而两个引物分别带有一个不完全相同的 SfiI 位点就是说两个位点的中间 5 个碱基不同。这样经过 SMART 技术合成两端分别带有 SMART 引物和 CDS 引物的 cDNA 经过扩增后用 SfiI 单酶切，得到的是两端的粘端不同的 cDNA，这样就可以定向插入特定的载体中，不会浪费 50% 的信息。

SMART cDNA 文库构建的整个流程操作简单（图 3 - 4 - 1），与常规 cDNA 文库构建技术的有着明显的优点（见表 3 - 4 - 1），是值得推荐使用的方法。本实验就是采取该系统进行小鼠肝脏的 cDNA 文库构建。

表 3 - 4 - 1　Smart™cDNA library construction 技术与常规 cDNA 文库构建技术的主要区别

	Smart™cDNA library construction	常规 cDNA 文库构建技术
起始材料	50 ng 总 RNA 或 25 ng mRNA	2 hg mRNA
起始体积	<10 μL	<20 μL
第一链合成		
起始体积	10 μL	20 μL
时间	1.5 h	1 h
第二链合成	加 PCR 酶到第一链反应管中直接 PCR 合成。	要加 8 种反应物，作用 2 h 后，还需苯酚抽提、乙醇沉淀和加接头
起始体积	100 μL	150 μL
时间	4 h，包括纯化和电泳定量	18 h
总耗时	9 h	22 h

续表 3 - 4 - 1

	Smart™ cDNA library construction	常规 cDNA 文库构建技术
产量	0.8～1.7 μg dsDNA，而且是经过 5′末端富集的双链 cDNA。	0.4 μg dsDNA，无法富集全长 cD-NA 片段
监测方法	常规即电泳可对每一步进行实时监测，判断每步的反应结果，操作简便。	监测需要同位素，操作复杂。

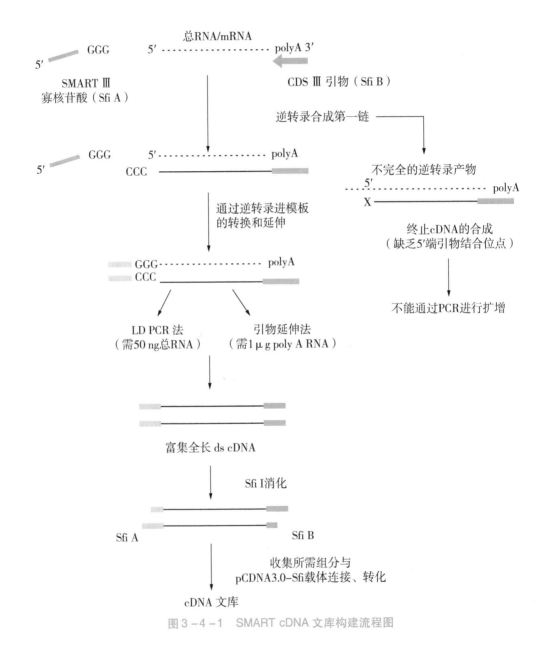

图 3 - 4 - 1 SMART cDNA 文库构建流程图

【试剂与器材】

1. 试剂

（1）质粒载体与菌株。

（a）质粒载体 pcDNA3 购自 Invitrogen 公司，物理图谱见图 3 – 4 – 2。

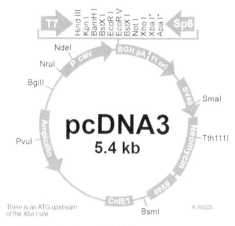

图 3 – 4 – 2　质粒载体 pcDNA3 示意

（b）大肠杆菌（*Escherichia coli*）DH5α［基因型：*supE*44 *lac U*169（*φ*80 *lac ZM*15）*hsdR*17 *recA*1 *endAl gyrA*96 *thi* – 1 *relA*1］。

（2）cDNA 第一链合成：

（a）SMART IV TM 寡聚核苷酸引物（10 mmol/L）：

5′ – AAGCAGTGGTATCAACGCAGAGTGGCCATTACGGCCGGG – 3′

（b）CDS Ⅲ/3′ PCR 引物（10 mmol/L）：

5′ – ATTCTAGAGGCCGAGGCGGCCGACATG – d（T）$_{30}$N$_{-1}$N – 3′（N = A，G，C，or T；N – 1 = A，G，or C）

（c）PowerScript^{TM}逆转录酶；

（d）5 × 第一链合成缓冲液：250 mmol/L Tris（pH 8.3），30 mmol/L 氯化镁，375 mmol/L 氯化钾；

（e）dNTP 混合物（dATP，dCTP，dGTP，dTTP，各 10 mmol/L）；

（f）二硫苏糖醇（dithiothreitol DTT；20 mmol/L）；

（g）总 RNA 或 mRNA。

（3）cDNA 扩增（cDNA 第二链合成）。

（a）5′ PCR 引物（10 mmol/L）：5′ – AAGCAGTGGTATCAACGCAGAGT – 3′；

（b）50 × Advantage 2 聚合酶混合物；

（c）10 × Advantage 2 PCR 缓冲液：400 mmol/L Tricine-KOH（pH 9.2 at 25 ℃），

150 mmol/L 醋酸钾，35 mmol/L 过氧乙酸镁，37.5 μg/mL BSA；

（d）50×dNTP 混合物（10 mmol/L each nucleotide）；

（e）PCR-Grade Water；

（f）25 mmol/L 氢氧化钠。

（4）PCR 酶消化。

（a）蛋白酶 K（20 mg/mL）；

（b）95% 乙醇；

（c）80% 乙醇；

（d）Tris 饱和苯酚：氯仿：异戊醇（25∶24∶1）；

（e）氯仿：异戊醇（25∶24∶1）。

（5）*Sfi* I 消化。

（a）*Sfi* I 酶（20 units/μL）；

（b）10× *Sfi* I 缓冲液；

（c）100× BSA。

（6）cDNA 纯化。

（a）CHROMA SPIN-400 柱；

（b）1× Fractionation Column 缓冲液：0.1 mmol/L EDTA（pH 8.0）；

（c）1 kb DNA 分子量标准；

（d）1.1% 琼脂糖凝胶；

（e）95% 乙醇（-20 ℃ 预冷）；

（f）3 mol/L NaAC（pH 4.8）；

（g）糖原 20 μg/μL；

（h）1% 二甲苯青。

（7）载体连接。

（a）pcDNA 3.0-Sfi 100 ng/μL；

（b）T4 DNA 连接酶（400 units/μL）；

（c）10× T4 DNA Ligation 缓冲液：500 mmol/L Tris-HCl（pH 7.8），100 mmol/L 氯化镁，100 mmol/L DTT，0.5 mg/mL BSA；

（d）ATP（10 mmol/L）；

（8）转化。

感受态细胞的制备和转化详见实验七。

（9）去离子水。

其中，SMART™ cDNA Library Construction Kit（Cat. No. K1051-1）购自 BD Biosciences CLONTECH 公司；Diethylpyrocarbonate（DEPC，焦磷酸二乙酯）购自 Invitrogen；T4 DNA Ligase（Cat. No. M0202V）购自 New England BioLabs 公司；*Sfi* I 内切核酸酶购自

NEW ENGLAND BioLabs 公司；LA Taq DNA Polymerase（Cat. No. DRR200A）购自（TaKaRa 公司）；DNA 分子量标准 DL2000（Cat. No. D501A）购自（TaKaRa 公司）；Bacto tryptone 和 Bacto yeast extract 购自 OXOID 公司；dNTP、RNA 酶 A、MOPS、氨下青霉素钠盐购自上海 Sangon 公司；其他试剂均为国产分析纯试剂。

2. 器材

PCR 仪；PCR 反应管；离心机；恒温水浴箱。

【操作步骤】

1. cDNA 第一链的合成

（1）在 0.2 mL 离心管中依次加入下列组分，配制 5 μL 的反应体系（表 3-4-2）。

表 3-4-2　反应体系的制备

组分	用量
RNA（0.025～0.5 μg mRNA 或 0.05～1.0 μg total RNA）	1～3 μL
SMART IV™ 寡聚核苷酸引物	1 μL
CDS Ⅲ/3′ PCR 引物	1 μL

以无 RNA 酶的纯水补至 5 μL，混匀后，短暂离心。

（2）72 ℃，温育 2 min。

（3）迅速冰浴 2 min。

（4）短暂离心，使混合物集于管底。

（5）再在离心管中依次加入下列试剂（表 3-4-3），最后总体积 10 μL。轻弹管壁，混匀后短暂离心。

表 3-4-3　试剂组分

组分	用量
5×第一链合成缓冲液	2.0 μL
DTT（20 mmol/L）	1.0 μL
dNTP 混合物（10 mmol/L）	1.0 μL
PowerScript™ 逆转录酶	1.0 μL

（6）置 42 ℃温育 1 h。（可在 PCR 仪里完成。）

（7）冰浴终止反应。

（8）cDNA 第一链反应混合物可在 -20 ℃保存 3 个月以上。

2. LD PCR 扩增 cDNA 第二链

（1）PCR 仪预热到 95 ℃。

（2）在 100 μL 的反应体系中加入下列组分（表 3 - 4 - 4）：

表 3 - 4 - 4 LD PCR 扩增 cDNA 第二链反应体系

组分	用量
cDNA 第一链反应混合物	2.0 μL
去离子水	80.0 μL
10 × Advantage 2 PCR 缓冲液	10.0 μL
dNTP 混合物	2.0 μL
5′ PCR 引物	2.0 μL
CDSⅢ / 3′ PCR 引物	2.0 μL
50 × Advantage cDNA 聚合酶混合物	2.0 μL

（3）轻弹管壁，充分混匀，短暂离心，使混合物收集于管底，放入预热至 95 ℃ 的 PCR 仪中。

（4）运行如下 PCR 反应程序：

步骤 1：95 ℃   1 min

X 个扩增循环（步骤 2～3）：

步骤 2：95 ℃   15 s

步骤 3：68 ℃   6 min

PCR 循环次数与起始 RNA 量的关系如表 3 - 4 - 5：

表 3 - 4 - 5 PCR 循环次数与起始 RNA 量的关系

总 RNA（μg）	mRNA（μg）	循环次数
1.0～2.0	0.5～1.0	18～20
0.5～1.0	0.25～0.5	20～22
0.25～0.5	0.125～0.25	22～24
0.05～0.25	0.025～0.125	24～26

按最小的次数循环进行反应。不足可补加循环。

（5）PCR 完成以后，取 5 μL PCR 产物，0.1 μg 1 kb DNA 分子量标准，1.1% 琼脂糖凝胶电泳检测分析。典型的 ds cDNA 一般集中分布在 0.1～4 kb 范围内，丰富 mRNA 处应有亮带如下图（图 3 - 4 - 3）。

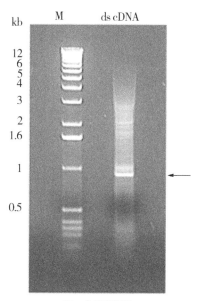

M：分子量标准

图3-4-3　PCR产物的琼脂糖凝胶电泳检测分析结果

3. 蛋白酶 K 消化

（1）取 50 μL 上一步的 PCR 产物（2～3 μg dscDNA）到 0.5 mL 离心管中，加入 2 μL 蛋白酶 K（20 μg／μL），用于灭活 DNA 聚合酶。

注意：蛋白酶 K 对失活 DNA 聚合酶是必须的。该反应体系最好为 2～3 μg（总体积为 50 μL）PCR 产物。太多的 dscDNA（3～4 μg）会降低文库的滴度。剩余的 PCR 产物在 -20 ℃可保存 3 个月。

（2）混匀，短暂离心。

（3）45 ℃温育 20 min，短暂离心。

（4）加入 50 μL 去离子水，转移到 0.5 mL 离心管中。

（5）加入 100 μL 酚：氯仿：异戊醇，混匀并持续颠倒萃取 1～2 min，静置 2 min。

（6）4 ℃，14 000 r/min，离心 5 min。（0.5 mL 离心管外需套一个 2 mL 离心管）

（7）小心吸取上层水相到另一支 0.5 mL 离心管中。加入氯仿：异戊醇（24∶1）100 μL，混匀并持续颠倒萃取 1～2 min，静置 2 min。

（8）4 ℃，14 000 r/min，离心 5 min。（0.5 mL 离心管外需套一个 2 mL 离心管）

（9）吸取上清到干净的 0.5 mL 离心管中。加入 10 μL 3 mol/L 醋酸钠（sodium acetate），1.3 μL 糖原（glycogen）（20 μg/μL）以及 260 μL 室温放置的 95% 乙醇。

（10）立刻于室温下，14 000 r/min，离心 20 min。

（11）注意：不要冰浴或放于 -20 ℃，否则不纯物质会共沉淀。

（12）小心吸去上清，加入 100 μL 80% 乙醇，洗涤沉淀。

（13）室温，空气干燥沉淀约 10 min，去除残留乙醇。

（14）加入 79 μL 去离子水溶解（沉淀必须保证充分溶解）。

4. Sfi 酶切消化

（1）一支干净的 0.5 mL 离心管，加入表 3 - 4 - 6 组分，最后总体积为 100 μL：

表 3 - 4 - 6　Sfi 酶切消化反应配制表

组分	用量
cDNA	79 μL
10 × Sfi 酶切缓冲液	10 μL
Sfi 酶	10 μL
100 × BSA	1 μL

（2）充分混匀，短暂离心。50 ℃，温浴 2 h。（在温浴的同时准备步骤 5。）

（3）加入 2 μL 1% 的二甲苯晴蓝（xylene cyanol）混匀，短暂离心。

5. 用 CHROMASPIN - 400 分布收集不同大小的 dscDNA 片段

（1）16 支 1.5 mL 离心管，标上号码，按顺序放置。

（2）准备 CHROMASPIN - 400 柱子：①从冰箱里取出柱子，室温放置 1 h。颠倒柱子数次，使填料充分悬浮混匀。②去除柱中的气泡。用枪轻轻混匀填料，避免产生气泡。移去下盖，让柱子内的液体自然流出。如果 3 min 后还未流干，盖上上盖，产生的压力可使柱液流干。③竖直悬挂柱子固定。④柱液流干后可看到填料颗粒应到达柱子 1.0 mL 刻度处。如果显著不足，则用备用柱子的填料补足。⑤用柱缓冲液调整流速为 40 ～ 60 秒/滴，40 微升/滴。如果流速太慢或液滴太小，则应重新悬浮填料。

（3）当剩余的柱缓冲液流完后，沿柱内壁小心加入 700 μL column 缓冲液到柱子，让其自然流干（约 15 ～ 20 min）。

（4）小心均匀地往柱料表面中心位置加入步骤四的 100 μL 经染色的 Sfi I 酶切消化的 cDNA 样品（填料表面不平整影响不大）。

（5）让样品充分吸收，至填料上面不能有液滴为止。

（6）取 100 μL 层析柱缓冲液小心上柱，让其自然流出，至无液体残留于柱料上为止。此时染料已进入柱料几毫米。

（7）在柱子底部接好已编号的 1.5 mL 离心管准备收集。

（8）取 600 μL 柱缓冲液小心上柱，立即用 1 ～ 16 号管收集流出液。（每管 1 滴，每滴约 35 μL）当收集完 16 滴后，盖好盖子。

（9）每支管中取出 3 ～ 5 μL 进行电泳检测：①准备 1% 含 EB 的琼脂糖凝胶（agarose/EB gel）；0.1 μg 1 Kb DNA 分子量标准。②150 V，10 min（时间不能太长，否则很难看清 cDNA）。③收集最早出现可见 cDNA 条带的前三管（滴），到 1.5 mL 离心管

（图 3-4-4）。（有时在确定其后第四管符合片段大小的要求时，也可与前三管混合。）

图 3-4-4　各管收集的 cDNA 电泳结果

可见从第 5 管开始出现条带，因此合并编号 4、5、6、7 共 4 管滤液于 0.5 mL 的 EP 离心管中。

（10）将 3～4 管 cDNA 合并（约 105～140 μL），然后加入 0.1 倍体积的 3 mol/L 醋酸钠（pH 4.8），1.3 μL 糖原和 2.5 倍体积的经 -20 ℃ 预冷的 95% 乙醇。

（11）轻柔颠倒混匀后于 -20 ℃ 冰箱放置 1 h。放置过夜可提高回收率。

（12）25 ℃，14 000 r/min，离心 20 min，沉淀 cDNA。

（13）用枪小心吸去上清。短暂离心。除去痕量的残余上清。

（14）80% 乙醇洗沉淀 1 次。离心，吸去上清。

（15）室温干燥约 10 min，去除残留乙醇。

（16）用 7 μL 去离子水轻柔混匀，直接下一步与载体连接的反应，或 -20 ℃ 贮存备用。

6. 连接反应

（1）依次加入表 3-4-7 试剂建立 3 个连接反应体系，最后总体积为 5 μL。

表 3-4-7　连接反应体系制备

试剂	连接反应 1 用量	连接反应 2 用量	连接反应 3 用量
质粒载体 pcDNA 3.0-Sfi 100 ng/μL	1 μL	1 μL	1 μL
cDNA	0.5 μL	1 μL	1.5 μL
T4 DNA 连接酶	0.5 μL	0.5 μL	0.5 μL
10×T4 DNA Ligation 缓冲液	0.5 μL	0.5 μL	0.5 μL
ATP	0.5 μL	0.5 μL	0.5 μL
去离子水	2 μL	1.5 μL	1 μL

（2）充分混匀，16 ℃ 连接过夜或 16 h。

7. 文库的转化

（1）分别取 1 μL 连接反应产物进行转化，感受态细胞的制备和转化详见实验七。

（2）比较 3 个连接反应产物的转化结果，得出 cDNA 量和转化克隆数比例最好的连接反应体系，按此体系将余下的 cDNA 进行连接转化。

8. 文库克隆的 PCR 检测

（1）随机挑选 20 多个克隆，提取质粒 DNA。

（2）利用 pcDNA 3.0 上的 T7 和 SP6 引物（T7：5′ TAA TAC GAC TCA CTA TAG GGA 3′；SP6：5′ ATT TAG GTG ACA CTA TAG GAA 3′）进行 PCR 扩增插入的 cDNA 片段。

（3）在每个 20 μL 的 PCR 体系中加入表 3 − 4 − 8 组分：

表 3 − 4 − 8　PCR 体系中加入组分用量

组分	用量
T7 引物（100 μmol/L）	0.1 μL
SP6 引物（100 μmol/L）	0.1 μL
dNTP 混合物（10 mmol/L）	0.5 μL
10 × PCR 缓冲液（Mg_2 + Plus）	2.0 μL
Taq DNA Polymerase（5 U/（L）	0.5 μL

（4）以无菌原子级水补至 19 μL，加入 1 μL 质粒，充分混匀。

（5）置于 PCR 仪中，PCR 反应条件为：

　　　步骤 1：94 ℃　　　　　5 min

　　30 个扩增循环（步骤 2 ～ 4）：

　　　步骤 2：94 ℃　　　　　30 s

　　　步骤 3：56 ℃　　　　　1 min

　　　步骤 4：72 ℃　　　　　90 s

　　　步骤 5：72 ℃　　　　　10 min

　　　步骤 6：12 ℃　　　　　终止

（6）各取 5 μL PCR 产物，用 1% 琼脂糖凝胶进行电泳检测。

（7）取 10 μL PCR 产物用，1% 琼脂糖凝胶电泳进行检测（图 3 − 4 − 5）。

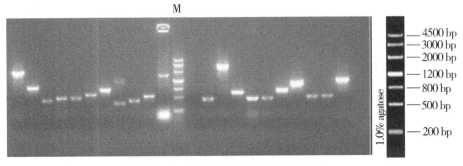

图 3 − 4 − 5　菌落 PCR 电泳检测结果

从图 3-4-5 可见文库插入片段从 500~2 000 bp 分布不等，大小基本集中在 700 bp 左右，无假阳性克隆。

【注意事项与提示】

（1）cDNA 文库的构建是一个综合性很强的实验，应该在熟练掌握了其他实验技术的基础上再进行。

（2）RNA 质量是 cDNA 文库成功构建的决定因素，可通过以下方法来分析：

①琼脂糖变性电泳，高质量的哺乳动物总 RNA 应在约 4.5 kb 和 1.9 kb 处有 2 条亮带（28S 和 18S 核糖体 RNA），它们之间的亮度比应为 1.5~2.5：1。mRNA 应分布在 0.5~12 kb。

②将 RNA 样品置于 37 ℃温浴 2 h，再跑电泳应该没有明显的降解现象。只有符合上述要求的 RNA 才可以进行 cDNA 文库构建，否则就需要重新提取 RNA。

（3）对第一链合成和 PCR，所有试剂和反应管应在冰上预冷并在冰上操作。

（4）如果需要暂停反应，在第一链合成后，置反应混合物于 -20 ℃保存。也可以在任意一步乙醇沉淀后停止反应。

（5）LD-PCR 后如果 dscDNA 产量很低或者分布范围小于 mRNA 的分布（对于哺乳动物 <4.0 kb），表明扩增循环数不够，可适当增加 2~3 个循环，但如果已经超过推荐最大循环数 3 个循环仍然没有明显的改变，则建议用新的 2 μL 第一链产物重新扩增，否则考虑是否第一链合成出现问题。

（6）一般来对于大多数哺乳动物来说，第二链 cDNA 电泳时应该出现多条明显的亮带，如果荧光信号很强但没有明显亮带，表明扩增循环数过多，应该用新的 2 μL 第一链产物重新扩增并适当减少 2~3 个循环。

（7）本实验使用质粒载体而不是试剂盒提供的噬菌体载体 λTriplEx2。因为质粒载体在操作上较为方便简单，而且由于使用的是表达载体 pcDNA 3.0，得到的将是直接可用于功能筛选的表达文库。但质粒文库在保存和扩增的过程中容易丢失，因此应该避免多次扩增并且尽可能在短时间 1~2 个月内将所有单克隆独立保存或完成筛选。

（8）质粒载体 pcDNA 3.0-Sfi 的制备：提取 pcDNA3 质粒，经限制性内切酶 *Eco*RI 和 *Not*I 充分酶切后，琼脂糖凝胶电泳，回收载体 DNA。对载体 pcDNA 3.0 的多克隆位点作适当改造，引入 Sfi 酶切位点，具体方法是：以 λTriplEx2 为模板，用 SMART cDNA 构建试剂盒中的测序引物进行 PCR 扩增，回收 PCR 产物，用 *Eco*RI 和 *Not*I 酶切，然后用 T4 DNA 连接酶与经 *Eco*RI 和 *Not*I 酶切的 pcDNA 3.0 载体 DNA 连接，构建成 pcDNA 3.0-Sfi 质粒。提取质粒 pcDNA 3.0-Sfi，用限制性内切酶 Sfi 酶切后，回收载体 pcDNA 3.0-Sfi，以 100 ng/μL 的浓度保存 -20 ℃备用。质粒的提取、酶切和载体回收详见实验。

（9）PCR 检测文库克隆插入 cDNA 片段分子量应该分布在 0.5~4 kb 范围内，并与 mRNA 的分布式基本一致的。

【实验安排】

（1）第一天：试剂的配制和所用一次性塑料制品和玻璃器皿的去 RNA 酶处理（0.1% DEPC 浸泡或高温干烤）并且接种感受态细胞和载体质粒 pcDNA 3.0-Sfi。

（2）为了避免由于保存时间过长造成 RNA 降解，最好能将总 RNA 提取、mRNA 的分离纯化和 cDNA 文库构建实验安排在连续的时间内进行。

（3）第二天：进行 1、2 和载体质粒 pcDNA 3.0-Sfi 的提取、酶切和载体回收。

（4）第三天：进行 3、4、5 和 6。

（5）第四天：进行感受态细胞的制备，和进行 7。

（6）第五天：进行 8（1）。

（7）第六天：进行 9（2）～（3）。

【实验报告要求与思考题】

（1）cDNA LD-PCR 扩增琼脂糖凝胶电泳结果。

（2）cDNA CHROMASPIN-400 柱层析分布收集的琼脂糖凝胶电泳结果。

（3）计算 cDNA 文库的克隆数目（克隆数/μg cDNA）。

（4）文库克隆 PCR 检测电泳结果。

（5）SMART cDNA 文库构建技术有哪些特色？

▶ 实验五

菌落原位杂交鉴定重组子（探索性）

【实验目的】

掌握利用菌落原位杂交进行重组菌落的快速鉴定以获得目标克隆。

【实验原理】

从基因文库中筛选目标克隆的一个难题是如何从众多的转化子中鉴定出目标转化子。本实验介绍菌落原位杂交的技术。该技术的理论基础就是两条互补的核酸单链之间可以通过氢键结合成为双链。该技术通过碱变性将 DNA 双链解开成单链，然后再通过酸中和将单链 DNA 复性并固定在固相载体上，也称为核酸杂交技术，或探针检测技术。核酸杂交分为 DNA/DNA 和 RNA/DNA 杂交两种。根据目标基因的部分已知序列，合成与目标基因互补的 DNA 探针，并进行放射性同位素或非放射性标记。菌落中的 DNA 经过变性剂（如 SDS）变性等过程将双链 DNA 变成单链，然后用紫外交联等技术将变性的核酸固定在固相载体（尼龙膜）上；探针在一定的温度和离子条件下与固定在固相载体上的目标菌落 DNA 杂交反应一段时间，实现探针和目的片段的结合，经洗去未杂交的探针后，用 X 光片曝光或膜显色反应，即可知道杂交的菌落。

【试剂和器材】

1. 试剂

（1）裂解液：10% SDS。
（2）变性液：0.5 mol/L 氢氧化钠，2 mol/L 氯化钠。
（3）中和液：0.5 mol/L Tris，1 mmol/L EDTA，1.5 mol/L 氯化钠。
（4）洗膜液：2×SSC（由 20×SSC 稀释）。
（5）20×SSC：氯化钠 17.53 g，柠檬酸钠 8.82 g，灭菌去离子水 80 mL，氢氧化钠调 pH 至 7.0，溶解后加灭菌去离子水至 100 mL。
（6）杂交溶液（表 3 - 5 - 1）：

表 3 - 5 - 1　杂交溶液的制备

组分	浓度	体积
6×SSC	20×	30 mL
1% SDS	10%	10 mL

续表 3 - 5 - 1

组分	浓度	体积
5 × Denhard't	50 ×	10 mL
E. coli tRNA 100 ng/mL	25 μg/mL	0.4 mL
灭菌去离子水		49.6 mL
终体积		100 mL

（7）Denhard't 试剂（50×）：聚蔗糖（Ficoll 400）1 g，聚乙烯吡咯烷酮 1 g，BSA（组分 V）1 g，去离子水 至 100 mL，以 0.45 μm 的醋酸纤维素滤膜过滤， -20 ℃保存。

（8）显影液、定影液。

2. 器材

（1）紫外交联仪。

（2）尼龙膜（N⁺）。

（3）同位素防护屏。

（4）无菌牙签：每组 1 包，灭菌烘干。

（5）新华滤纸。

（6）压片夹。

（7）显影定影用托盘。

【操作步骤】

（1）于实验前 1 天制备含 100 μg/mL 氨苄青霉素的 LB 培养基，倒平板 5 ～ 10 个，室温放置过夜。

（2）按 9 cm 培养皿的大小剪取尼龙膜，将膜覆于培养基表面，用无菌牙签挑转化平板中的单菌落（见实验七"重组质粒的转化"），同时涂在尼龙膜上和新的 LB 平板上，成绿豆大小，位置一一对应，37 ℃培养过夜。

（3）次日，新的长好菌落的 LB 平板放于 4 ℃ 冰箱保存。

（4）同时，取 4 个平皿，内放一层滤纸，分别加入 2.5 ～ 3.0 mL 裂解液、变性液、中和液和约 20 mL 洗膜液，做好标记。

（5）将长出菌落的尼龙膜放入裂解液中裂解 3 min，接着移入变性液中变性 5 min。

（6）将尼龙膜取出，用干的滤纸将膜上多余的变性液吸去，转入中和液中作用 5 min 后，在洗膜液中洗两次，室温晾干。

（7）将尼龙膜放在 253 nm 波长紫外灯下交联 5 min 固定 DNA。

（8）将固定好的尼龙膜放入杂交瓶中，加入 5 ～ 10 mL 杂交液，将膜全部浸湿即可，小心排去气泡。

（9）放入杂交炉中，匀速转动，进行预杂交，40 ℃，1 h。

（10）（戴手套操作）在防护屏后小心加入 $[\gamma^{-32}p]$ ATP 标记的特异性探针

5～10 μL，40 ℃杂交 5～6 h 或过夜。

（11）杂交完毕，将杂交液倒出，于 –20 ℃ 保存，可重复使用。

（12）用不同稀释倍数的 SSC 溶液（一般是 0.1 倍）的洗膜液于室温下洗涤 3 次，每次 10 min。

（13）将膜晾干，包入保鲜袋中，于暗室中将膜放到压片夹中，上压一张 X 光片，进行放射自显影，–20 ℃或 –70 ℃ 曝光过夜。

（14）在暗室中红光下将 X 光片取出，在显影液中显影 15 min，迅速转入定影液中定影至背景透明清晰，放入清水中稍洗。

（15）将定影的 X 光片晾干，与长有菌落的保存平板对照，挑取有杂交斑的菌落进行进一步确定（如提取质粒、酶切、PCR 鉴定等，参见本书相关章节）。

【注意事项与提示】

（1）探针：是一种短的单链 DNA 片段，可与待检的互补片段特异结合。探针可以根据已知目标片段的序列进行人工合成，也可以来自目标基因或基因的某一片段，人工合成的探针其长度一般为 20～100 nt 左右，若是基因或基因片段，也有长至几 kb 的。杂交探针的特异性是决定检测特异性高低的关键之一，即探针必须在一定条件下只与目标片段杂交，否则就会出现假阳性或假阴性的结果。

（2）探针合成好之后，必须进行标记。最早的标记物是放射性同位素如^{32}P。^{32}P 具有检测灵敏度高的优势，比一般的化学显色反应的灵敏度要高出 1000 倍以上，所以应用非常普遍。^{32}P 可以在探针合成时随机掺入到合成的 DNA 中，也可以在探针合成后用多核苷酸激酶进行末端标记。但是，^{32}P 的半衰期较短，只有 14.3 天，因此标记好的探针要尽快使用；其次，^{32}P 属于放射性同位素，对实验环境和条件要求严格，必需配备防护工具。非同位素标记探针主要有地高辛标记、生物素标记和荧光素标记等，检测的方法有酶化学发光检测（生物素标记）和化学显色（地高辛标记）和荧光显色等，荧光显色也可以用 X 光片进行曝光检测。非同位素标记探针的保存期很长，如生物素标记的探针在室温下可以保存至少 1 年，反应和检测时间也就几个小时，最常用的荧光标记物有荧光素（fluorescein）和罗丹明（rhodamine）两种，在特定激发波长下，前者发出绿色荧光，后者则为红光。如果荧光标记杂交用 X 光曝光则检测的速度更快。目前开发的化学发光检测仪的检测灵敏度与同位素差不多。

（3）杂交膜可以选择尼龙膜或硝酸纤维素膜。硝酸纤维膜的本底较低，但只能用于显色性检测，也不能重复使用。尼龙膜分为带正电荷的膜和不带电荷的膜两种。带正电荷的尼龙膜对核酸结合力强，敏感性也较高，所以杂交实验一般用带正电荷的尼龙膜。尼龙膜的优点在于杂交用过的膜可以用洗脱液（0.1×SSC，0.1% SDS）煮沸处理数分钟后去除探针，还可用新的探针进行杂交检测。

（4）紫外照射可使 DNA 部分碱基与尼龙膜表面带正电荷的氨基形成交联结构，从而起到固定 DNA 的目的。

（5）探针已由老师预先标记好，也可用非放射性标记探针；各组之间可尝试加入不同浓度的探针，观察杂交效果。

（6）切记每次都应将洗涤液倒入放射性废液桶中。

（7）显影时间根据室温而定，温度较高时时间可短一些，最好戴手套工作。

【实验安排建议】

提前配好培养基，并将所需材料器皿灭菌消毒。在实验第一天的下午稍晚时进行点种操作，第二天早晨即可开展杂交实验。

【实验报告要求与思考题】

（1）对具体实验过程进行描述，上交杂交结果图（X 光片的扫描图）。

（2）在同位素操作过程中应该注意哪些问题？

（3）探针的浓度如何影响杂交结果？

实验六

分子筛层析法除盐

【实验目的】

（1）掌握分子筛层析法从蛋白质产物中除盐的原理和方法。

（2）学习和掌握分子筛层析法除盐操作步骤。

【实验原理】

分子筛层析法又称为凝胶过滤或分子排阻层析，主要是根据分子量大小分离蛋白质混合物。常用的填充柱料为葡聚糖凝胶（sephadex gel）和琼脂糖凝胶（agarose gel）。用于分子筛层析的凝胶是一种多孔的不带表面电荷的物质，当带有不同分子量大小的样品溶液在凝胶内运动时，由于分子量不同而表现出速度的快慢，在缓冲液洗涤时，分子量大的物质不能进入凝胶孔内，而在凝胶间直接向下运动，而分子量小的物质则进入凝胶孔内绕道而行，这样，不同分子量大小的物质就按先后次序流出凝胶柱，达到分离的目的。将蛋白质和其缓冲液中的盐用分子筛的方法分离开，成为分子筛除盐法，常用的层析填料有 sephadex G25，sephadex G50 等。

本实验是将实验十中通过金属螯合层析分离的 pGFPuv 融合蛋白通过分子筛 G25 脱盐。

【试剂与器材】

1. 试剂

（1）0.05 mol/L Tris-HCl – 0.05 mol/L 氯化钠溶液约 500 mL。

（2）0.02% 叠氮钠溶液。

2. 器材

（1）2.6 cm × 40 cm 层析柱。

（2）蠕动泵。

（3）紫外检测仪。

（4）自动收集器。

（5）金达色谱工作站。

【操作步骤】

1. 凝胶填料的预处理

sephadex G25 层析柱料的处理：取充分的（大约 25 g）凝胶在沸水中煮大约 0.5 ～

2 h，充分膨胀，然后等降至室温后轻轻搅拌，静置 20 min，倾去漂浮在表面的不均一的粒子，超声除气，备用。

2. 装柱和柱子的平衡

装柱过程基本同亲和层析柱，但是，填料一定要均匀，而且没有气泡，填料顶端尽量不留空隙。柱子填装好后，用 2 × 去离子水清洗，然后用 2 × 体积的缓冲液 0.05 mol/L Tris-HCl – 0.05 mol/L 氯化钠。另外，为达到好的除盐效果，层析柱的内径和高度比例一般为 1∶5 至 1∶25，柱子长分离效果好，但是柱子过长则延长了分离时间，使样品稀释过度。

3. 上样与洗脱

分子筛除盐的上样体积一般为柱床体积的 1/5 左右，上样完毕，用缓冲液 0.05 mol/L Tris-HCl – 0.05 mol/ 氯化钠洗脱，收集紫外吸收峰并对收集的样品进行 SDS-PAGE 检测。上样和洗脱的流速均为 3 mL/min。

4. sephadex G25 凝胶柱的清洗和封存

凝胶柱使用完毕后，至少用 2 × 柱床体积去离子水清洗，用 2 × 体积的 0.25 mol/L 氢氧化钠，0.5 mol/L 氯化钠去除残留蛋白；用 10 × 柱床体积的去离子水清洗后封存；如果长期不用，应将柱料剥离，保存在含 0.02% 叠氮钠溶液中。

【注意事项与提示】

（1）装柱时凝胶填料一定要均一，没有气泡。
（2）上样体积不超过柱床体积的 1/4 否则会影响除盐效果。
（3）样品上柱和洗脱过程中，流速要慢。层析柱要有一定的内径和柱高比例，分离除盐效果才好。

【实验安排】

（1）凝胶柱的填装和预处理及溶液的配置需 0.5 天。
（2）分子筛除盐大约 2 h。
（3）12% SDS-PAGE 电泳检测大约需要 0.5 天，在样品上柱和洗脱时即可制备好凝胶，分子筛结束即可进行电泳。

【实验报告要求与思考题】

（1）要求提交分子筛除盐的紫外吸收峰图及电泳检测图。
（2）简述影响分子筛效果的因素。

▶ 实验七

培养细胞总蛋白的双向聚丙烯酰胺电泳

【实验目的】

掌握用双向聚丙烯酰胺电泳分离细胞总蛋白的原理和操作方法。

【实验原理】

双向电泳分析方法是在 O'Farrell（1975 年）等前人的研究基础上建立起来的。双向电泳技术是蛋白质组学研究中的核心技术之一，该方法主要是根据细胞、组织或其他生物样品中提取的蛋白质的等电点和分子量这两个特性进行蛋白质的分离。首先根据蛋白质的等电点，利用等电聚焦电泳分离蛋白质；然后进行二向电泳，即根据蛋白质的分子量，利用 SDS-PAGE 电泳分离蛋白质。经双向电泳分离后，蛋白质斑点基于等电点和分子质量大小的正交组合分布于二维凝胶图谱上面，尽可能地将分子量不同、等电点不同的蛋白质分子分开，所得的每个双向排列的蛋白质斑点都对应于样品中的每种蛋白质分子。再结合质谱分析，获得蛋白质组学的信息。双向电泳技术可一次性分离上千种蛋白质。

虽然双向电泳操作比较烦琐，且目前蛋白质组学分析已可通过二维毛细管电泳（2D-CE）、液相色谱－毛细管电泳（LC－CE）等新型分离技术法进行，但是双向电泳仍是分析蛋白质组变化的有效而直观的方法。

【实验器材】

IPGphor，玻璃管（长 200 mmol/L，直径 20 mmol/L），parafile，振荡仪。

【试剂及溶液】

（1）裂解缓冲液：7 mol/L Urea，2 mol/L Thiourea，4%（W/V）CHAPS，40 mmol/L Tris 碱基，40 mmol/L DTT，2% Pharmalyte pH 3 ~ 10。

（2）水化液：8 mol/L 尿素，2% CHAPS，15 mmol/L DTT 和 0.5% IPG 缓冲液（水化液绪当天新鲜配制，或配成储液分装 -20 ℃ 保存，但不可反复冻融，另外，尿素溶液加热温度不能超过 37 ℃，否则会发生甲酰化）。

（3）样品缓冲液：9 mol/L 尿素，4% CHAPS，2% IPG 缓冲液，40 mmol/L DTT，40 mmol/L Tris-base。

（4）4×分离胶缓冲液 [1.5 mol/L Tris-HCl，pH 8.8，0.4%（W/V）SDS]：45.5 g Tris 和 1 g SDS 溶于 200 mL 去离子水中，用 6 mol/L HCl 调节 pH 到 8.8，最后用去离子水将体积补足到 250 mL，加入 25 mg 叠氮钠并过滤。此溶液可于 4 ℃ 贮存两周。

（5）平衡缓冲液（0.05 mol/L Tris-HCL，pH 8.8，6 mol/L 尿素，30%（W/V）甘油和2%（W/V）SDS：180 g 尿素，150 g 甘油，10 g SDS 和16.7 mL 分离胶缓冲液溶于去离子水中，最终将体积补足到 500 mL。此缓冲液可于室温下保存两周。

（6）溴酚蓝溶液：0.25%（W/V）溴酚蓝溶于分离胶缓冲液中：25 mg 溴酚蓝溶于10 mL 分离胶缓冲液中，4 ℃保存。

（7）平衡缓冲液 I：每10 mL 平衡缓冲液中加入100 mg DTT（使用前配置好）。

（8）平衡缓冲液 II：每10 mL 平衡缓冲液中加入400 mg 碘乙酰胺。

【操作流程】

1. 培养细胞总蛋白的提取

（1）将培养好的细胞离心（2 000 r/min 离心 5 min）收集到离心管，去上清，用PBS 缓冲液清洗细胞沉淀物 3 次，然后 2 000 r/min 离心 5 min，去上清液。

（2）加入细胞裂解液（1.5×10^6 个细胞大约加入100 μL 裂解液），在室温振荡1 h，使其充分溶解。

（3）4 ℃，10 000 r/min 离心 40 min。

（4）吸取上清并用 Brandford 法定量蛋白，然后分装到 EP 管保存在 -78 ℃备用。

2. IPG 胶条的水化及等电聚焦电泳

（1）用样品缓冲液（9 mol/L 尿素，4% CHAPS，2% IPG 缓冲液，40 mmol/L DTT，40 mmol/L Tris-base）溶解样品。蛋白质上样浓度不要超过 10 mg/mL，否则会造成蛋白质沉淀或积聚），7 cm 胶条上样量 10～100 μg。

（2）用水化液稀释上样样品至 250 mL，将有样品的水化液放入胶条槽中。

（3）从 7 cm 胶条的酸性端（尖端）剥去保护膜，胶面朝下，先将 IPG 胶条尖端（阳性端）朝胶条槽的尖端方向放入胶条槽中，慢慢下压胶条，并前后移动，避免产生气泡，最后放下胶条的平端（阴极），使水化液浸湿整个胶条，并确保胶条的两端和槽的两端的电极接触。

（4）IPG 胶条上覆盖适量 1 mmol/L obiline DryStrip 覆盖油，盖上盖子。

（5）将胶条槽的尖端电极与 IPGhpor 仪器的阳极平台接触；胶条槽的平端背面电极与 IPGphor 仪器的阴极平台接触。

（6）进行第一向等电聚焦电泳，设置 IPGphor 仪器的运行参数（表 3-7-1、表3-7-2）：

表 3-7-1 IPGphor 仪器运行参数 I

温度	20 ℃
最大电流	0.05 mA per IPG strip
样品体积	250 μL（7 cm IPG strp）

表 3 – 7 – 2　IPGphor 仪器运行参数 Ⅱ

电压/V	时间/h
30	10 ～ 12（水化）
200	1
500	1
500 ～ 8 000	0.5
8 000	2

胶条水化后即自动进行第一向的等电聚焦电泳。

3. 第一向胶条的平衡

（1）第一向电泳结束后，将胶条从胶条槽中取出，放入玻璃管中平衡（支持膜贴着管壁，每个玻璃管中放入一条 IPG 胶条），加入超纯水，轻轻润洗，倒掉水，去掉多余的矿物油。

（2）向玻璃管中加入 5 mL 平衡缓冲液 Ⅰ 及 20 μL 溴酚蓝溶液，用封口膜封口，在振荡仪上振荡 15 min，倒掉平衡缓冲液 Ⅰ 。

（3）加入 5 mL 平衡缓冲液 Ⅱ 和 20 μL 溴酚蓝溶液，用封口膜封口，在振荡仪上振荡 15 min，倒掉平衡缓冲液 Ⅱ。用去离子水润洗 IPG 胶条，将胶条的边缘置于滤纸上几分钟，去除多余的平衡缓冲液，即可进行第二向 SDS 电泳。

4. 第二向 SDS 垂直电泳

（1）灌胶

根据 IPG 胶条的大小（本实验为 7 cm）选择合适的垂直电泳槽。灌制分离胶（参照实验九：重组蛋白的 SDS – 聚丙烯酰胺凝胶电泳鉴定与分析，通常不需要灌制浓缩胶），胶上面预留胶条的位置，胶平面加入水，以避免凝胶暴露在氧气中，形成平展的凝胶面。

（2）SDS-PAGE 二向电泳

凝胶聚合好以后，倒掉上面的水，用滤纸吸干，在电泳槽中装满电泳缓冲液，并打开控温系统，调节温度为 15 ℃，将平衡好的胶条浸入电极缓冲液中几秒钟，然后小心的放于 SDS 凝胶面上，轻压 IPG 胶条与 SDS 胶面充分结合，将一定量的标准蛋白加到上样滤纸片上，用镊子将上样滤纸片放置在 IPG 胶条末端的一侧，与凝胶的表面充分接触。最后在上面覆盖 2 mL 琼脂糖溶液，使 IPG 胶条被完全覆盖住，在此过程中不要产生气泡。接通电极，设置电压或电流即可进行电泳。当溴酚蓝迁移到凝胶的底部边缘即可结束电泳。

5. 染色及检测

考马斯亮蓝染色及脱色方法参照实验九。将脱色好的凝胶进行扫描并分析。结果如

图 3 – 7 – 1 所示。

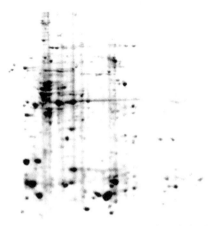

图 3 – 7 – 1 双向聚丙烯酰胺凝胶结果

【实验报告要求与思考题】

（1）试比较蛋白质双向聚丙烯酰胺凝胶电泳与普通的聚丙烯酰胺电泳的异同。

（2）请简单介绍第一向等电聚焦和二向聚丙烯酰胺凝胶电泳的原理。

实验八

细胞色素 C 的提取、纯化及测定

【实验目的】

（1）了解和掌握利用盐析、有机酸沉淀、吸附层析、离子交换层析提取、分离、纯化细胞色素 C 的原理和操作。

（2）了解和掌握细胞色素 C 含量和其活性的测定方法。

【实验原理】

细胞色素 C 是细胞线粒体呼吸链中的一员，起传递电子的作用，也是唯一容易从线粒体中分离出来的细胞色素。它是一种红色的稳定的可溶性蛋白，分子量为 12 000～13 000 d，等电点 pH 为 10.7，含铁量为 0.38～0.43%，每分子只含 1 个铁原子。对热、对酸、碱都较稳定，可抵抗 0.3 mol/L 盐酸和 0.1 mol/L 氢氧化钾溶液的长时间处理。细胞色素 C 氧化型水溶液呈深红色，还原型水溶液呈桃红色。氧化型 2 个最大吸收峰为 408 nm 和 530 nm；还原型为 415 nm、520 nm 和 550 nm。还原型细胞色素 C 较其氧化型稳定。

提纯的细胞色素 C 制成注射液可作为细胞呼吸激活剂，适用于因组织缺氧引起的一系列疾患。如脑血管障碍、脑软化、脑出血、脑卒中后遗症、脑动脉硬化症、脑外伤、婴儿百日咳脑病、不可逆休克缺氧、脑栓塞、脑震荡后遗症、心代偿不全、心肌炎、狭心症、白喉心肌炎、肺心病、心绞痛、心肌梗死、肺炎、肺癌、硅肺、喘息、肺病气肿以及支气管扩张引起的呼吸困难、一氧化碳中毒、安眠药中毒、新生儿假死、神经麻痹症等。

细胞色素 C 溶于水，易溶于酸性溶液，故可在酸性溶液中提取。细胞色素 C 在 pH 7.0 时带正电荷，可被人造沸石吸附，但它的亲和力远小于 25% 硫酸铵中的 NH_4^+ 离子，在饱和的硫酸铵溶液中不产生沉淀，但可用 20% 三氯醋酸把它从硫酸铵溶液中沉淀出来。细胞色素 C 还可被 724 弱酸性阳离子交换树脂吸附，其亲和力远小于洗脱液中的钠离子与树脂的亲和力，故可用吸附层析、盐析、有机酸沉淀、离子交换层析等方法进行分离和纯化。

【试剂与器材】

1. 试剂

（1）2 mol/L 硫酸溶液：100 mL。

（2）1 mol/L 氢氧化铵溶液：200 mL。

（3）0.2% 氯化钠溶液：1 000 mL。

（4）25% 硫酸铵溶液：200 mL。

（5）20% 三氯醋酸溶液：100 mL。

（6）0.06 mol/L 磷酸氢二钠–0.4 mol/L 氯化钠洗脱液：100 mL。

（7）氰化钾溶液：取氰化钾 0.65 g 加水溶解成 100 mL 后，用稀硫酸调节 pH 值 7.3。（由教师保管！）

（8）去细胞色素 C 的心肌悬浮液：

取新鲜猪心 2 只，除去脂肪与结缔组织，切成块，用绞肉机绞碎，置纱布中，作常水冲洗约 2 h（经常搅动，挤出血色素），挤干，用水洗数次，挤干，置磷酸盐缓冲溶液（0.1 mol/L）中浸泡约 1 h，挤干，重复浸泡 1 次，用水洗数次，挤干，置组织捣碎器内，加磷酸盐缓冲溶液（0.02 mol/L）适量恰使肉糜浸没，捣成匀浆，3 000 r/min 离心 10 min，取上层悬浮液，加冰块少量，迅速用稀醋酸调节 pH 值 5.5，立即离心 15 min，取沉淀，加等体积的 0.1 mol/L 磷酸盐缓冲溶液，用玻璃匀浆器磨匀后，贮存于冰箱中。临用时取 1.0 mL，加 0.1 mol/L 磷酸盐缓冲溶液稀释成 10 mL。

2. 器材

（1）人造沸石（40～60 目）。

（2）固体硫酸铵。

（3）27 mmol/L × 19 cm 玻璃层析柱。

（4）透析袋。

（5）低速离心机。

（6）724 弱酸性阳离子交换树脂。

附：AmberLite IRO–50 或 724 弱酸性阳离子交换树脂再生处理：

用过的离子交换树脂先用 2 mol/L 的氨水洗至白色，无离子水洗至中性，再用 2 × 树脂量 2 mol/L HCl 在 50～60 ℃ 水浴中搅拌 20 min，去酸液。树脂用无离子水洗至中性。然后用 2 mol/L 氨水浸泡 2 h 以上，由氢型转为氨型，再用无离子水洗至中性，备用。

【操作流程】

1. 样品（猪心）预处理

每组称大约 500 g 新鲜猪心，先用自来水把猪心里的血块冲洗干净，剪去脂肪、纫带后，用剪刀剪成细块。

2. 细胞色素 C 的提取

（1）剪成细块的猪心称重后量出 2 倍量无离子水，把细块猪心放入组织捣碎机捣碎筒里，加入适当上述量出的无离子水，开机高速把猪心捣碎糜烂，倒进大烧杯，把余下的无离子水全部加进去，用 2 mol/L 硫酸调 pH 至 4.0，室温搅拌 1.5～2 h。

（2）提取物用 1 mol/L 氢氧化铵调 pH 至 6.0，三层纱布包好压滤，滤液用 1 mol/L 氨水调 pH 至 7.5。在 3 000 r/min 下离心 5 min，取滤液并量出其体积。按每 100 mL 滤液加 3 g 人造沸石的比例加入人造沸石。搅拌吸附 1 h，静置，待人造沸石沉淀后，倒去上清液。

（3）红色的人造沸石先用无离子水洗 3 次，后用 0.2% 氯化钠溶液洗涤 3 次，再用无离子水洗涤至上清液澄清为止。

（4）用无离子水把红色的人造沸石装柱。用 25% 硫酸铵洗脱至沸石白色为止（控制流速。每分钟 2 mL 左右）或把红色人造沸石装在烧杯里，用少量多次的 25% 硫酸铵洗脱至沸石白色为止。

（5）量出洗脱液（红色）体积，加固体硫酸铵（0.25 g/mL），搅拌至产生沉淀，静置 30～60 min。离心（3 000 r/min）5 min，弃去沉淀。若离心液仍有悬浮物，可用滤纸过滤，取红色上清液。

（6）量出红色上清液体积，在搅拌下慢慢加入 20% 三氯醋酸（每毫升上清液加入 0.25 mL）产生沉淀，立刻离心 10 min（3 000 r/min），收集沉淀物。

（7）沉淀物溶解于少量无离子水，装入透析袋，对无离子水透析过夜，换水 3～5 次。透析至透析液中无 SO_4^{2-} 存在。获得细胞色素 C 的粗品。

3. 细胞色素 C 的纯化和精制

（1）把再生处理好的 AmberLite IRO–50 或 724 型弱酸性阳离子交换树脂（铵型）用无离子水装进（27 mmol/L×19 cm 玻璃）层析柱，阳离子交换树脂约高 9 cm 即可。先用无离子水过柱 1 遍。至柱中水平面与树脂面齐平即关闭柱的出水口。

（2）把细胞色素 C 粗品溶液加入到离子交换树脂层析柱上方，控制流速，让树脂（白色）尽可能吸附细胞色素 C 而慢慢转变为深红色，待细胞色素 C 粗品溶液全部过完层析柱。

（3）将红色树脂用无离子水冲出，红色与白色树脂分开，分别装于小烧杯。红色树脂用无离子水搅拌洗涤至水溶液澄清为止。白色树脂回收待再生处理。

（4）把红色树脂用无离子水重新装柱。待无离子水流至与树脂面齐平时，用 0.06 mol/L 磷酸氢二钠–0.4 mol/L 氯化钠洗脱液进行洗脱，控制流速（大约 1 mL/min），收集深红色流出液，一般不超过 10 mL。

（5）深红色流出液装于透析袋中，在 4 ℃ 下对无离子水进行透析，换水 3～5 次，至无 Cl⁻ 存在，如有沉淀，可通过离心去除。

（6）细胞色素 C 精品装瓶密闭于冰箱保存，可用于含量及活性测定。

4. 细胞色素 C 的分析

（1）细胞色素 C 的含量测定。

（a）标准曲线的制定。

取 1 支（15 mg/支）细胞色素 C 针剂（标准品）加无离子水定溶至 25 mL，并加入少许连二亚硫酸钠（保险粉），摇匀。取 5 支试管编号，按下表加入各种溶液，混匀，以无离子水为空白，在 520 nm 下测定光密度（表 3 - 8 - 1）。

表 3 - 8 - 1　光密度测定

试管号	1	2	3	4	5
标准品（mL）	0.5	1	2	3	4
无离子水（mL）	3.5	3	2	1	0
CytC 含量（mg）	0.3	0.6	1.2	1.8	2.4
O. D$_{520\,nm}$ 值					

以标准细胞色素 C 浓度为横坐标，OD$_{520nm}$ 值为纵坐标作曲线。

（b）样品含量测定。

取 1 mL 待测样品，用无离子水定溶至 25 mL，取 1 mL 稀释液加 3 mL 无离子水和少许保险粉，摇匀，在 520 nm 测光密度。从标准曲线中找出对应的细胞色素 C 的含量，然后计算出待测样品的细胞色素 C 的总含量。

（2）细胞色素 C 的吸收光谱测绘。

根据样品含量测定结果，把样品稀释成 200 μg/mL 的浓度，测定其 400～600 nm 的光密度，以光密度为横坐标，波长（nm）为纵坐标画出细胞色素 C 的吸收光谱，（以铁氰化钾使细胞色素 C 氧化成氧化型，以连二亚硫酸钠（保险粉）使细胞色素 C 还原成还原型）。

注：测定波长 400～500 nm 时样品浓度还要再稀释，否则光密度在 2 以上无法读数。

（3）细胞色素 C 活力测定。

（a）酶可还原率测定法原理。

其原理是利用酶反应系统（去细胞色素 C 的心肌悬浮液）中的琥珀酸脱氢酶作用，使琥珀酸脱氢生成延胡索酸，脱下的氢将氧化型细胞色素 C 转化为还原型细胞色素 C，为了防止反应系统中的细胞色素氧化酶催化还原型细胞色素 C 与氧反应后转化为氧化型，所以当加入底物琥珀酸和氧化型细胞色素 C 时，同时加入细胞色素氧化酶的抑制剂氰化钾。测定系统中的还原型细胞色素 C 于 550 nm 处的吸光度，即为细胞色素 C 的酶可还原吸光度，酶活性越高，转化为还原型的细胞色素 C 就越多，吸光度就越大。已失活的细胞色素 C 在酶反应中不被还原，但仍可被连二亚硫酸钠还原，此时在 550 nm 处测得的吸光度称为细胞色素 C 的化学可还原吸光度。细胞色素 C 的酶可还原吸光度与化学可还原吸光度之比即为细胞色素 C 的酶可还原率，反映了细胞色素 C 的酶活力。

（b）操作步骤。

①取待测样品，加水制成每毫升中含细胞色素 C 约 3 mg 的溶液。

②取 0.2 mol/L 磷酸盐缓冲液 5 mL，琥珀酸盐溶液 1.0 mL 与样品 0.5 mL（如系还原型制剂，应先用 0.01 mol/L 铁氰化钾溶液 0.05 mL 将其转化为氧化型），置 10 mL 有塞试管中，加入去细胞色素 C 的心肌悬浮液 0.5 mL 与氰化钾溶液 1.0 mL，加水稀释至

10 mL，摇匀，以同样的试剂作空白。在 550 nm 波长处附近，间隔 0.5 nm 找出最大吸收波长，并测定吸光度，直至吸光度不再增大为止，作为酶可还原吸光度；然后各加连二亚硫酸钠约 5 mg，摇匀，放置约 10 min，在上述同一波长处测定吸光度，直至吸光度不再增大为止，作为化学可还原吸光度，按下式计算细胞色素 C 的活力：

$$细胞色素 C 活力/\% = \frac{酶可还原吸光度}{化学可还原吸光度} \times 100\%$$

【注意事项与提示】

（1）人造沸石要用 40～60 目型号的。不能用 60～80 目的。否则颗粒太小，装柱后洗脱溶液无法流出。

（2）加三氯醋酸时，三氯醋酸的浓度要准，要边加边搅拌，否则，会使细胞色素 C 部分变性，离心后，无法复性溶解。加入三氯醋酸产生沉淀后，要立即离心，沉淀物要马上用无离子水溶解。因为三氯醋酸是蛋白质的变性剂。

（3）透析袋装细胞色素 C 溶液不能装太满，因为透析过程中，外面的水会进入透析袋，这样可能撑破透析袋。细胞色素 C 溶液液中的无机离子要透析干净，否则，不能上离子交换柱。透析袋长 8 cm 即可，第一次用过后，洗净，无离子水煮过放冰箱仍可使用。

（4）724 型阳离子交换树脂只需约 15 mL 量，27 mmol/L×19 cm 玻璃层析柱的 1/2 高度即可。

①样品上 724 阳离子交换树脂层析柱及洗脱时，要严格控制流速，不能快，流出液中细胞色素 C 的浓度才能达到要求。

②使用过的 724 阳离子交换树脂都要回收，经再生处理仍可使用。

【实验安排】

1. 第一天配试剂及从操作流程 1. 做至 2.（6）。离心收集的三氯醋酸沉淀物用无离子水溶解后，装入透析袋在冰箱 4 ℃下透析过夜。中间换水 3 次。

2. 第二天上午 9 时上 724 阳离子交换树脂层析柱进行纯化、精制，流出液透析过中午，下午测含量、吸收光谱及其活性。

【实验报告要求及思考题】

（1）实验报告要有操作过程的具体数据，如猪心、人造沸石、固体硫酸铵、三氯醋酸等多少？都应有详实的数据。

（2）计算出细胞色素 C 精品的含量，并计算出其 1 000 g 猪心可生产出多少毫克细胞色素 C。

（3）以波长（nm）为横坐标，以光密度（OD 值）为纵坐标绘出氧化型和还原型细偶然性色素 C 的吸收光谱。

（4）为什么细胞色素 C 是唯一能从线粒体中分离出来的电子传递体？

（5）本实验的全过程涉及哪些提取、分离、纯化的技术？

▶ 实验九

重组棒杆菌的赖氨酸合成代谢控制

【实验目的】

(1) 了解重组棒杆菌的赖氨酸合成途径及其调节机理。
(2) 研究合成途径的中间代谢物和分支途径的末端产物对赖氨酸生物合成的影响。

【实验原理】

L－赖氨酸是人及动物体的必需氨基酸,目前已用微生物发酵法生产。微生物生物合成赖氨酸有两条途径:一条是二氨基庚二酸(DAP)途径,另一条是 α－氨基己二酸途径。具体由哪一条途径合成赖氨酸取决于微生物的种类。一般细菌的赖氨酸是经 DAP途径合成的,其生物合成与高丝氨酸、甲硫氨酸和苏氨酸的生物合成密切相关,它们都是从天冬氨酸衍生出来的,其合成途径及其调节机制如图 3－9－1 所示:

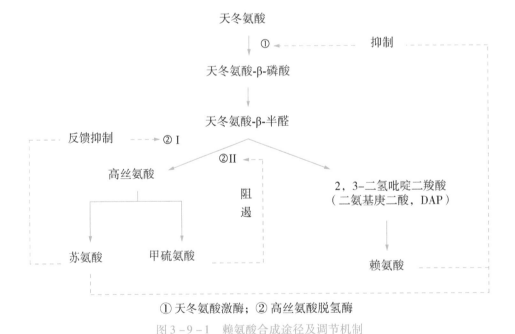

① 天冬氨酸激酶;② 高丝氨酸脱氢酶
图 3－9－1 赖氨酸合成途径及调节机制

从图 3－9－1 中可看到:①天冬氨酸是赖氨酸、苏氨酸和甲硫氨酸的合成前体,若提供足量的天冬氨酸,则有利于后几种氨基酸的合成;②合成过程中的调控是在两个位点上发生作用。其中第一个主要调控点是天冬氨酸激酶催化的反应,这个反应调节了碳链进入各种氨基酸的方向。谷氨酸棒杆菌的天冬氨酸激酶(AK)是变构酶,具有两个变构部位可以与终产物结合，受终产物（Lys 和 Thr）的协同反馈抑制，即当只有一种终产物（Lys 或 Thr）与酶变构部位结合时，酶活性不受影响；当有两种终产物（Lys 和 Thr）同时过量存在，这两种终产物同时与酶的两个变构部位结合时，酶的活性受到抑制。调控作用的第二个主要作用位点是高丝氨酸脱氢酶，高丝氨酸脱氢酶是同工酶，脱氢酶Ⅰ受苏氨酸和异亮氨酸阻遏。脱氢酶Ⅱ受甲硫氨酸阻遏。因此，苏氨酸和甲硫氨酸的过量存在不仅抑制其本身的合成而且还抑制赖氨酸合成。③整个途径上有 3 条合成支路，支路的 3 个末端产物共享合成途径上游的中间代谢物。若切断高丝氨酸以下的 2 条支路途径，则可阻断苏氨酸和甲硫氨酸合成，减弱苏氨酸对天冬氨酸激酶的反馈抑制，并使上游的中间代谢物集中用于赖氨酸的合成。因此，可采用高丝氨酸营养缺陷型作为赖氨酸发酵生产的菌株。本实验即采用具高丝氨酸营养缺陷型的北京棒杆菌（*Corynebacterium pekinense*）进行合成代谢控制的研究。

赖氨酸在酸性（pH < 3.0）条件下与茚三酮反应产生特有的颜色，颜色的深浅在一定的范围内与赖氨酸含量成正比，可用波长 475 nm 进行比色测定。另外，在制备赖氨酸合成所需的菌体悬浮液过程中，应严格无菌操作，防止杂菌污染。

第二代基因工程 – 代谢工程和合成生物学的发展使我们对某一代谢途径进行多点遗传改造甚至新构代谢途径已经成为可能。本实验虽然是经典的代谢流分析方法，但是，也可以通过该实验体验到代谢工程的要义。

【实验材料】

1. 菌种

北京棒杆菌（*Corynebacterium pekinense* A. S. 1. 403）高丝氨酸营养缺陷型。

2. 完全培养基（CM）

成分：葡萄糖 0.5%，牛肉膏 0.5%，酵母膏 0.5%，蛋白胨 1%，氯化钠 0.5%，调节 pH 至 7.2。

分装：50 mL/500 mL 三角瓶 2 只（八层纱布包扎瓶口），2 mL/试管 2 支。

3. 基本培养基（MM，用于配置赖氨酸生物合成的反应液）

葡萄糖 10 g，硫酸铵 4 g，七水硫酸镁 40 mg，

四水硫酸镁 10 mg，七水硫酸亚铁 10 mg，磷酸二氢钾 50 mg，

三水磷酸二氢钾硫 50 mg，生物素 2 μg，硫胺素 20 μg，

磷酸钙 0.5 g，用蒸馏水定容至 50 mL，调节 pH 至 7.2。

4. 赖氨酸生物合成反应液的配制

取干净的规格一致的 250 mL 三角瓶 9 只，按表 3 – 9 – 1 依次加入各种溶液。取 8 层纱布盖瓶口，外加牛皮纸 1 张，121 ℃ 灭菌 15 min。

表 3 - 9 - 1   赖氨酸生物合成反应液的配制（mL）

瓶号 \ 项目	天冬氨酸 (50 mmol/L)	苏氨酸 (50 mmol/L)	甲硫氨酸 (50 mmol/L)	蒸馏水	MM
1	0	0	1.0	2.0	5.0
2	0	0.5	05	2.0	5.0
3	0	1.0	0	2.0	5.0
4	0.5	0	0.5	2.0	5.0
5	0.5	0.5	0	2.0	5.0
6	0.5	1.0	1.0	0.5	5.0
7	1.0	0	0	2.0	5.0
8	1.0	0.5	1.0	0.5	5.0
9	1.0	1.0	0.5	0.5	5.0

5. 茚三酮试剂

A 液：茚三酮溶于乙二醇甲醚（A. R）；

B 液：$CuCl_2 \cdot 2H_2O$ 0.68 g 溶于 13 mL 1 mol/L 柠檬酸（pH 1.3）溶液中。

将 A 和 B 混匀再加蒸馏水定容至 100 mL 置于棕色瓶内保存备用。

6. 溶液的配制

（1）L - 赖氨酸标准溶液：L - 赖氨酸（层析纯）置于 80 ～ 90 ℃ 烘箱中烘 2 h。称取 20 mg，用蒸馏水定容至 100 mL，配成 0.2 mg/mL 浓度的标准溶液。

（2）L - 天冬氨酸溶液：6.8 mg/mL（0.05 mol/L），必要时加氢氧化钠以中和其酸性。

（3）L - 苏氨酸溶液：5.95 mg/mL（0.05 mol/L）。

（4）L - 甲硫氨酸溶液：7.45 mg/mL（0.05 mol/L）。

（5）生理盐水：配制适量生理盐水备用。

【操作步骤】

1. 赖氨酸标准曲线的制备

按表 3 - 9 - 2 加入 0.2 mg/mL 浓度的赖氨酸标准液，以蒸馏水补足至 2 mL 体积，再加茚三酮试剂 4 mL。充分摇匀，将试管口塞好以防水分蒸发。将反应试管置于沸水浴中加热后立即冷却至室温，然后在 475 nm 波长测定其析光度。并以 OD_{475} 读数为纵坐标，以赖氨酸 mg 数为横坐标，制作赖氨酸标准曲线。

2. 制备菌体

（1）棒杆菌接种于斜面培养基上，30 ℃ 培养 18 ～ 24 h，连续转种活化培养 2 次。

（2）将斜面上生长良好的菌体刮取 1 环，接入试管装的 CM 液体培养基中（每组接 2 只），30 ℃摇床震荡培养 16～18 h 后，全部（2 mL）转接于瓶装 CM 培养基中（每组接 2 瓶），30 ℃摇床震荡培养 24 h。

（3）培养液 3 500 r/min 离心 20 min，去上清液，菌体用生理盐水洗涤一次，离心后合并菌体，悬浮于 20 mL 生理盐水中备用。

3. 天冬氨酸、苏氨酸和甲硫氨酸对赖氨酸生物合成的影响

9 瓶赖氨酸生物合成反应液分别接入菌体悬液 2 mL（每瓶反应液总体积为 10 mL），将纱布塞子平展包扎于瓶口，30 ℃震荡培养 16 h。（表 3 – 9 – 2）

表 3 – 9 – 2 赖氨酸标准溶液配置与比色测定

试管号	标准溶液配置					比色测定 OD_{475}
	0.2 mg/mL 赖氨酸溶液		蒸馏水（mL）	茚三酮试剂（mL）		
	取样体积（mL）	赖氨酸量（mg）				
0	0	0	2.0	4.0	加热 20 min	
1	0.4	0.08	1.6	4.0		
2	0.8	0.16	1.2	4.0		
3	1.2	0.24	0.8	4.0		
4	1.6	0.32	0.4	4.0		
5	1.8	0.36	0.2	4.0		
6	2.0	0.4	0	4.0		

4. 赖氨酸产量测定

反应液 4 000 r/min 离心 15 min。取上清液进行适当稀释（10 倍或 20 倍），再分别取稀释液 1 mL 于试管内，加入蒸馏水 1 mL，茚三酮试剂 4 mL，摇匀，加塞子，沸水浴加热 20 min，自来水冷却至室温，475 nm 波长比色，将结果填入表 3 – 9 – 3。

表 3 – 9 – 3 Asp、Thr 和 Met 对 Lys 生物合成影响的实验记录

瓶号 项目	反应液				测定	
	氨基酸的最终浓度（mmol/L）			稀释倍数	比色测定 OD_{475}	赖氨酸合成量 mg/mL
	天冬氨酸	苏氨酸	甲硫氨酸			

注：赖氨酸产量（mg/mL）= 查标准曲线所得赖氨酸量（mg）×稀释倍数

【提示与注意事项】

（1）茚三酮反应法的优点是快速、方便，但测定中的加热时间要准确掌握，否则测定误差较大。

（2）注意：①微量的无机盐及维生素应先配成浓缩液，然后按需要量加入培养基；②碳酸钙单独灭菌，然后在配制反应液时再分别加到每瓶培养基中（用量按 mmol/L 培养基中的比例）。

（3）用 8 层纱布包扎瓶口既可有效隔绝空气中微生物的污染，同时又能提供充分的氧气。

【实验安排建议】

此实验要花较多时间进行准备工作，因此第一天要进行培养基配制和灭菌等工作，老师要预先活化好菌种，连续培养两天后，第三天进行赖氨酸产量测定和分析。

【实验报告要求与思考题】

（1）表 3-9-1 的配制方法的依据是什么？

（2）制备菌体时，为什么要连续转种活化培养两次？

（3）以 OD_{475} 读数为纵坐标，赖氨酸的 mg 数为横坐标，在坐标纸上或电脑上绘制赖氨酸含量的标准曲线。

（4）根据表 3-9-3 的实验数据，说明天冬氨酸、苏氨酸和甲硫氨酸对赖氨酸生物合成的调节作用。

▶ 实验十

正交试验法优化工程菌发酵培养基配方

【实验目的】

（1）利用正交试验方法确定微生物发酵培养基的配方及培养条件。

（2）通过对正交试验的产量方差分析，选出适合本实验菌株发酵赖氨酸的最优配方。

【实验原理】

选择微生物发酵培养基及发酵条件的工作量很大，从原料的种类到各原料之间的浓度配比、发酵时间和温度等必须经过多次反复试验才能确定。就各原料之间的浓度配比而言，若以6种原料组成的培养基，每种原料按3种浓度逐一进行搭配比较试验，则须试验 $3^6 = 729$。实际上是不可能做这么多试验的，只能选其中部分方案进行。如何选择试验方案呢？利用数理统计中的正交表来安排这类试验是一种高效快速的方法。按照正交表做试验的最大优点在于只需做少量具有代表性的试验就能考察全面情况，达到预期目的。这是由于正交表设计合理，又便于进行数理统计分析。正交表具有两个特点：①试验因子均衡搭配，即每个试验因子的各个水平（浓度）在整个正交表中竖行出现的次数相同，任何两因子之间的不同水平搭配在正交表中横行出现的次数也相同。这就是所谓的正交性；②试验结果可以综合比较，由于各因子搭配均匀，各水平对实验结果的影响机率均等，因而整体试验的所有数据有可比性，同时还可以将每个因子的作用进行单独考察，逐个评定每一因子对试验对试验结果影响的大小，并从中选出最优搭配方案。

有不同的正交表可供选用，本实验选用最简单的 L_4 （2^3） 正交表（表3-10-1）。符号"L"代表正交表，L的下标"4"表示须做的试验次数，括弧内 2^3 表示该正交表可以安排三种因素，各分两个位级进行试验。本实验主要考察赖氨酸发酵培养基中一种生长因子和两种培养条件对发酵产量的影响，通过正交试验选出最优配比。发酵培养基中的生长因子和培养条件即为试验因子，各因素所选定的浓度或用量即为各因子水平。

表 3 – 10 – 1　L₄（2³）正交表

试验号 \ 列号	1	2	3
1	1	1	1
2	2	1	2
3	1	2	2
4	2	2	1

【实验材料】

1. 菌种

北京棒杆菌（*Corynebacterium pekinense*）A. S. 1. 403，见第三编实验九。

2. 斜面培养基

葡萄糖 0.5%，牛肉膏 0.5%，酵母膏 0.5%，蛋白胨 1%，氯化钠 0.5%，pH 7.2。

3. 种子培养基

葡萄糖 3%，磷酸二氢钾 0.1%，硫酸镁 0.05%，硫酸铵 0.5%，玉米浆 1%，尿素 0.2%，蛋白水解液 0.5%，pH 7.0 ～ 7.2，分装 50 mL/500 mL 三角瓶，112 ℃灭菌 10 min。

4. 标准赖氨酸溶液

L – 赖氨酸置于 80 ～ 90 ℃烘箱中烘干 2 h，称取 20 mg，用蒸馏水定容至 100 mL，配成 0.2 mg/mL 浓度的标准溶液。

5. 茚三酮试剂

A 液：茚三酮 0.5 g 溶于 37 mL 乙二醇甲醚；
B 液：二水氯化铜 0.68 g 溶于 13 mL 1 mol/L 柠檬酸（pH 1.3）溶液中；
将 A、B 液混匀，再加蒸馏水定容至 100 mL，置棕色瓶内保存。

【操作步骤】

1. 表头设计

根据实际需要选用正交表，在正交表的表头列号上排定试验因子，制定试验方案，这一过程称为表头设计。本实验选用 L₄（2³）正交表，考察维生素 B₁ 浓度，通气量和接种量大小对赖氨酸发酵产量的影响。（表 3 – 10 – 2）

表 3 - 10 - 2   试验因子的表头设计

水平	列号	1	2	3
	因子	B_1	接种量	通气量
1		200 μg/mL	1%	50 mL/500 mL 三角瓶
2		100 μg/mL	5%	100 mL/500 mL 三角瓶

2. 发酵培养基配制

葡萄糖 10%，硅酸二氢钾 0.1%，硫酸镁 0.05%，硫酸铵 4.5%，玉米浆 2%，蛋白水解液 1%，碳酸钙 3.5%，pH 7.0。

碳酸钙须按每个摇瓶的瓶装量分别称量，并分别用纸包好，单独灭菌，待接种时再按无菌操作要求倒入各试验瓶中。

按表 3 - 10 - 3 配好及分装培养基后，用 8 层纱布封口，112 ℃ 灭菌 10 min。将 B_1 配成 1% 溶液，过滤除菌，接种前再加入培养基中。

表 3 - 10 - 3   正交试验表

试验号	列号	B_1	接种量	通气量
1		(1) 200 μg/mL	(1) 1%	50 mL/500mL 三角瓶
2		(2) 100 μg/mL	(1)	100 mL/500mL 三角瓶
3		(1)	(2) 5%	(2)
4		(2)	(2)	(1)

3. 接种和发酵培养

（1）将菌种在斜面培养基传代活化，30 ℃ 培养 24 h。

（2）用接种环取新鲜菌苔 1 环于种子培养液，30 ℃ 振荡培养 8～12 h。

（3）发酵培养：

每瓶培养基内加入 B_1，混匀，按上表的接种量分别接种后，8 层纱布展平包扎于瓶口，以利于通气培养。摇瓶置于摇床上 30 ℃ 振荡发酵培养约 60 h。

4. 发酵产量测定

发酵液 5～10 mL 于 4 000 r/min 离心 10 min，取上清液进行适当稀释（10 倍或更高），再分别取稀释液 1 mL 于试管内，加入蒸馏水 1 mL、茚三酮试剂 4 mL，摇匀，加塞子，沸水浴加热 20 min，自来水冷却至室温，457 nm 波长比色。

5. 赖氨酸标准曲线制备

赖氨酸标准溶液配置与比色测定见表 3 – 10 – 4。

表 3 – 10 – 4   赖氨酸标准溶液配置与比色测定

试管号	标准溶液配置					比色测定 OD$_{475}$
	0.2 mg/mL 赖氨酸溶液		蒸馏水 mL	茚三酮 /mL		
	取样体积/mL	Lys 量/mg				
0	0	0	2.0	4.0	加热 20 min	
1	0.4	0.08	1.6	4.0		
2	0.8	0.16	1.2	4.0		
3	1.2	0.24	0.8	4.0		
4	1.6	0.32	0.4	4.0		
5	1.8	0.36	0.2	4.0		
6	2.0	0.4	0	4.0		

按表加入 0.2 mg/mL 赖氨酸标准溶液，蒸馏水补足至 2 mL 体积，再加入茚三酮试剂 4 mL。充分摇匀，将试管口塞好以防水分蒸发。将反应试管置于沸水浴中加热 20 min 后立即冷却至室温，然后在 475 nm 波长测定其吸光度。并以 OD$_{475}$ 读数为纵坐标，赖氨酸 mg 数为横坐标，制作赖氨酸标准曲线。

【注意事项与提示】

（1）灭菌温度太高或时间过长会使葡萄糖焦糖化，对菌体有害。

（2）标准曲线是准确测定发酵液中赖氨酸含量的基础，所以一定要准确称量和测定。

【实验安排建议】

第一天先做好培养基和材料的配制和灭菌等准备工作，同时在下午用老师已活化的菌种进行菌种的扩大培养，第二天即可开始扩大接种和正交实验。

【实验报告要求与思考题】

（1）根据所测量的吸光度从标准曲线中查出赖氨酸的实际含量（mg），按下述公式计算产量：

赖氨酸产量（mg/mL）＝查标准曲线所得赖氨酸量（mg）×稀释倍数

（2）对 4 瓶发酵液的赖氨酸产量进行方差分析，选出本实验的最优搭配。

（3）发酵条件的优化方法有很多种，请查阅文献列出其他 1 种方法并说明其原理。

▶ 实验十一

工程菌的自控发酵罐发酵

【实验目的】

（1）掌握自控发酵罐的构造、原理及操作方法。
（2）学习大规模培养微生物及发酵后处理的方法。

【实验原理】

当我们得到一个有价值的菌种之后，往往需要大规模的扩大培养，以获得足够量的表达产物，进行进一步研究或应用。这就需要利用发酵罐进行大规模的发酵。目前实验室用的一般是可根据设定自动控制各种参数的发酵罐，体积在 1～150 L 之间。图 3 - 11 - 1 是 B. Braun 公司的 5 L 自控发酵罐及其罐体结构图。

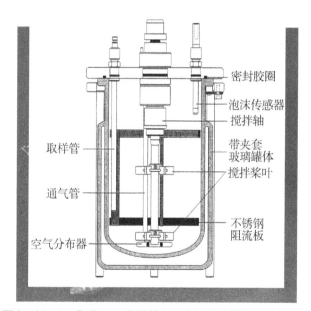

图 3 - 11 - 1　B. Braun 公司的 5 L 自控发酵罐及其罐体结构

自控发酵罐主要由以下两部分组成：

1. 控制系统部分

主要是对发酵过程中的各种参数如温度、pH、溶解氧、搅拌速度、空气流速和泡沫水平等进行监测、显示、记录，并可对这些参数进行设定及反馈调节控制，还可以通过控制流加生长限制因子（如碳源等）对微生物的生长状态进行控制。

2. 发酵罐部分

其主体一般为一个圆柱形的玻璃或不锈钢筒，外面有循环水的夹套，控制系统通过夹套中循环水来加热或冷却罐体，使罐内保持恒温，菌种发酵得于在适宜的温度下进行。罐体上设有各种参数检测传感器，包括温度传感器、pH 电极、溶氧电极、泡沫传感器等。为了提供微生物生长需要的氧，发酵过程需要通气，通过外设的空气压缩机通入空气，控制部分可调节空气流量，通过微孔滤器过滤除菌后通入发酵罐中，在排气口处还有冷凝器和微孔过滤片，用于减少发酵液的挥发和防止发酵罐和外部环境的交叉污染。为了使罐内物质均匀分布特别是增加氧的溶解，在罐中心设有搅拌桨叶，罐体内壁设有数片挡板，搅拌桨可通过罐体外连接的驱动马达高速搅拌，以增加气液间的湍动，增加气液接触面积及延长气液接触时间，可大大增加溶氧浓度。

发酵前必须进行高压灭菌，一般 5 L 或以下的发酵罐马达是可分离的，罐体可单独放入立式灭菌器中进行灭菌；5 L 以上的发酵罐一般是采用在位灭菌方式，马达是与罐体固定在一起的。

当罐内培养液的 pH 发生改变时，控制系统可通过蠕动泵加入少量酸或碱，使 pH 维持在设定的值。由于发酵液中含有大量蛋白质，在强烈的搅拌下将产生大量的泡沫，导致发酵液的外溢和增加染菌的机会，当设置了自动消泡并将泡沫传感器置于适当高度后，当泡沫升高接触到电极时，系统会自动加入消泡剂消去泡沫。

通过发酵罐各部分的协同作用，可提供微生物生长的最适条件，使其快速大量生长并在合适条件下进行产物的表达。

发酵结束后，需进行菌体和培养液的分离。由于处理的样品体积往往较大，一般实验室常用的离心机是难于胜任的。根据发酵液中菌体的密度，可采用连续进料处理的管式离心机或过滤机进行处理。

本实验利用 B. Braun 公司的 BIOSTAT B 型 5 L 全自动发酵罐进行大肠杆菌工程菌的发酵培养及诱导表达。

【试剂与器材】

1. 试剂

（1）LB 液体培养基：蛋白胨（Tryptone）10 g，酵母粉（Yeast extract）5 g，氯化钠 10 g，加水定容至 1 000 mL，用 10 mol/L 氢氧化钠调 pH 至 7.0，分装后高压灭菌。

（2）氨苄青霉素溶液：用无菌水配成浓度 100 mg/mL，分装置 −20 ℃ 保存，使用终浓度为 100 μg/mL。

（3）IPTG 溶液：将 283.3 mg IPTG 溶解于 10 mL 超纯水，配成浓度为 0.1 mol/L，用 0.22 μm 的微孔滤器过滤除菌，分装置 −20 ℃ 保存备用。

（4）40% 氢氧化钠溶液。

（5）消泡剂：加水配成 10% 浓度的乳浊液 100 mL，置于发酵罐配套的补料瓶中，高压灭菌待用。

2. 器材

（1）菌种：含重组质粒 pGH-J374（或其他重组质粒）的大肠杆菌工程菌。

（2）BIOSTAT B 型 5 L 自控发酵罐。

（3）恒温振荡培养器。

（4）分光光度计。

（5）高速管式离心机。

【操作方法】

（1）挑取含重组质粒 pGH-J374 的大肠杆菌工程菌单菌落，接种于含氨苄青霉素的 50 mL LB 培养基中，于恒温振荡器中 37 ℃、250 r/min 培养过夜（14～16 h）。

（2）将过夜培养物作为种子接入装有 5 L 含氨苄青霉素的 LB 培养基中进行发酵培养。以下是发酵罐操作的全过程。

①打开发酵罐系统的动力开关，待机器自检后即显示当前温度、pH、搅拌转速、溶氧饱和度（pO2）等。下图为发酵罐的控制面板（图 3-11-2）。

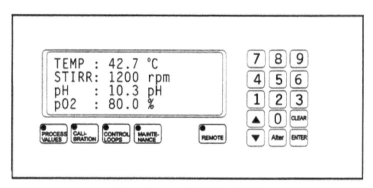

图 3-11-2　发酵罐控制面板

②校正 pH 电极：把电极插上对应连接线。在控制面板上按"calibration"键至显示为 pH，按箭头键将光标移到"BUFZ"处，将电极浸入 pH 7.0 的标准液中，直到显示稳定时按"enter"，光标移到"BUFS"处，输入"4.01"，将电极用蒸馏水清洗后浸入pH 4.01 的标准缓冲液中，至显示稳定时按"enter"，即完成校正。

③校正溶氧电极零点：按"calibration"键至显示为 pO2。在 200～300 mL 亚硫酸钠（Na_2SO_3）饱和水溶液中（放入 500 mL 烧杯中），加入约 5 g 硼酸钠（$Na_2B_4O_7$），或约 5 g 硫酸铜（$CuSO_4$），搅拌，把溶氧电极浸入此无氧溶液，稳定 5 min 左右。将光标移到 0.0% 处并按"enter"，完成后将电极用蒸馏水洗净。

④从接种孔往发酵罐中倒入已配制好的 5 L LB 培养基。

⑤各电极插入顶部盖板的相应孔内，用螺帽旋紧，插入电极时要极细心，防止电极头损坏。

⑥用棉花或微孔滤器封住各个控制试剂瓶的各个空气进出口，并用铝箔包住管口。

⑦拆除各个电极上的连接线，套上各自的套子。拔去过滤器入口处的通气管，包上铝箔。拔去所有相连的进水和出水管道，将所有进料管口套上硅胶管并扎住管口，并在所有裸露的管口包上铝箔。关上取样器开关，套上取样瓶。移去搅拌马达，套上金属套子。

⑧将装有培养基的发酵罐搬离底座，置于立式高压灭菌锅中，0.1 MPa（15 1bf/in^2），灭菌 20 min。

⑨灭菌结束，冷却后，发酵罐重新安置在底座上。

⑩取下套在各种电极上的金属套，插上联接线插头，接通夹套和空气出口处的冷凝器上的水管，把通气管套在进气口过滤器上，将各硅胶管装上相应的蠕动泵上，在无菌操作下将碱泵上的管插上 40% 氢氧化钠的瓶子，消泡泵上的管插上灭菌的消泡剂瓶子。

⑪把搅拌马达置于搅拌联动装置上。

⑫开启温度控制：按"control loops"键至显示为"TEMP"，将光标移到"SETP"上，输入"37"，按"enter"，光标移到"MODE"上，按"Alter"至显示为"auto"，按"enter"，即进入 37 ℃ 自动恒温控制。

⑬校正溶氧电极的满刻度：打开空气压缩机，把通气量调节到 1.5 L/min。按"control loops"键至显示为"STIRR"，将光标移到"SETP"上，输入"400"，按"enter"，光标移到"MODE"上，按"Alter"至显示为"auto"，按"enter"，即开始以 400 r/min 转速搅拌。按"calibration"键至显示为 pO2。当显示值稳定 5 min 后，将光标移到 100.0% 上，按"enter"，即完成溶氧电极校正。

⑭设置各种参数。上面步骤中已将温度设定为 37 ℃，下面设置 pH、溶氧、搅拌转速、消泡等，操作步骤与温度设置类似，都是在"control loops"菜单下。其中溶氧可设置为 30%，与搅拌转速关联，即 pO2 下降时转速会自动升高。同时为保证罐内温度和物料的均匀，可设置一最低转速，也可设置最高转速限制。其操作为：设置转速时将光标移到"PARAM"处，输入"19"（此时无显示），按"enter"，即显示设置界面，在"MIN"处输入"10% enter"，"MAX"处输入"70% enter"。再按"control loops"至显示 pO2，设为 30% 后，将光标移到"CASC：STIRR"处按"enter"即可，按"process values"键转为显示各种参数，这时发酵过程将按设定参数自动控制。

⑮接种。将棉花球塞入接种口外套中，点燃火焰以前将接种口的盖子旋松。用吸管吸取乙醇湿润棉花球，点燃棉花球，取掉盖子，立即在火焰中接种并加入 5 mL 氨苄青霉素溶液（100 mg/mL）。将盖子浸泡在乙醇中，接种后，用镊子将盖子准确放回原位，旋紧。熄灭火焰。

⑯每隔 1 h 取样：拧开取样器开关，发酵液就会自动流出到取样瓶中，然后再关上取样器（注意取样时要先倒掉第一瓶，因为先排出来的是取样管中旧的发酵液），用分光光度计测定 OD$_{600}$。做好记录，同时记下相应时段 pH、pO$_2$、转速等参数。

⑰当 OD$_{600}$ 上升至约 0.5 时，将温度设置为 28 ℃，在点燃酒精棉球下加入 IPTG 至终浓度为 0.1 mol/L，开始诱导表达。继续做好记录。

⑱继续发酵 8 h 后，停止发酵。

3. 用连续流管式离心机收集菌体：先启动离心机，待其达到转速后，用蠕动泵连续加入发酵液，注意控制流速以保持流出液澄清。加完发酵液后继续离心 2 min，结束离心，取下离心转筒，刮下里面的菌体，用于后续的蛋白质提取步骤。

注意事项

（1）各电极在调试、安装过程中要极细心，防止电极头损坏。

（2）在接种、取样等各个操作时要细心，以防止杂菌的污染。

【实验安排】

（1）第一天下午配试剂及培养基，以及发酵罐的准备和灭菌，傍晚接种子液培养过夜。

（2）第二天开始发酵罐接种发酵，至晚上结束发酵。

【实验报告要求与思考题】

（1）提交发酵过程的数据记录。

（2）发酵过程中搅拌的作用是什么？

（3）在发酵过程中调节溶氧的方法有哪些？

（4）为什么种子培养和前段发酵用 37 ℃，而加 IPTG 后要将温度设为 28 ℃？

附　录

▶ 附录一

实验室常用试剂、缓冲液的配制方法

1. 1 mol/L Tris-HCl（pH 7.4，pH 7.6，pH 8.0）（每种 pH 值配制量以 1 L 计）

分别称量 121.1 g Tris 置于 1 L 烧杯中。各加入约 800 mL 的去离子水，充分搅拌溶解。各自按 70 mL、60 mL、42 mL 的量加入浓盐酸，调节所需要的 pH 值（pH 7.4，pH 7.6，pH 8.0），将溶液定容至 1 L。最后高温高压灭菌后，室温保存。

注意：应使溶液冷却至室温后再调定 pH 值，因为 Tris 溶液的 pH 值随温度的变化差异很大，温度每升高 1 ℃，溶液的 pH 值大约降低 0.03 个单位。

2. 0.5 mol/L EDTA（pH 8.0）（配制量以 1 L 计）

称取 186.1 g Na_2EDTA·$2H_2O$，置于 1 L 烧杯中。加入约 800 mL 的去离子水，充分搅拌。用氢氧化钠调节 pH 值至 8.0（约 20 g 氢氧化钠，注意：pH 值至 8.0 时，EDTA 才能完全溶解）。加去离子水将溶液定容至 1 L。适量分成小份后，高温高压灭菌，室温保存。

3. 10×TE 缓冲液（pH 7.4，pH 7.6，pH 8.0）（每种 pH 值配制量以 1 L 计）

组分浓度：100 mmol/L Tris-HCl，10 mmol/L EDTA。

分别量取 1 mol/L Tris-HCl（pH 7.4，pH 7.6，pH 8.0）100 mL，再分别加入 0.5 mol/L EDTA（pH 8.0）溶液 20 mL，置于 1 L 烧杯中。向各烧杯中加入约 800 mL 的去离子水，均匀混合。将溶液定容至 1 L 后，高温高压灭菌。室温保存。

4. 3 mol/L 醋酸钠（pH 5.2）（100 mL）

称取 40.8 g 三水醋酸钠置于 200 mL 烧杯中，加入约 40 mL 的去离子水搅拌溶解。

加入冰醋酸调节 pH 值至 5.2。加去离子水将溶液定容至 100 mL，高温高压灭菌后，室温保存。

5. PBS 缓冲液（配制量以 1 L 计）

组分浓度：137 mmol/L 氯化钠，2.7 mmol/L 氯化钾，10 mmol/L 磷酸二氢钠，2 mmol/L 磷酸二氢钾。

称量氯化钠 8 g，氯化钾 0.2 g，磷酸氢二钠 1.42 g，磷酸二氢钾 0.27 g 置于 1 L 烧杯中。向烧杯中加入约 800 mL 的去离子水，充分搅拌溶解。滴加浓盐酸将 pH 值调节至 7.4，然后加入去离子水将溶液定容至 1 L。高温高压灭菌后，室温保存。

注意：该 PBS 缓冲液中无二价阳离子，如需要，可在配方中补充 1 mmol/L 氯化钙和 0.5 mmol/L 氯化镁。

6. 2.5 mol/L HCl（100 mL）

在 78.4 mL 的去离子水中加入 21.6 mL 的浓盐酸（11.6 mol/L），均匀混合。室温保存。

7. Tris-HCl 平衡苯酚（多数市售液化苯酚清亮无色，无需重蒸便可用于分子生物学实验）

当苯酚呈粉红色或黄色，即说明已经有部分苯酚发生了氧化，这些氧化产物可引起磷酸二酯键的断裂或导致 RNA 和 DNA 的交联等。因此，苯酚的质量对 DNA、RNA 的提取极为重要，要使用高质量的苯酚进行分子生物学实验。必须在 160 ℃ 对其进行重蒸馏除去诸如醌等氧化产物，另外在酸性 pH 条件下 DNA 分配于有机相，因此使用苯酚前必须对苯酚进行平衡使其 pH 值达到 7.8 以上，苯酚平衡操作的具体步骤如下：

（1）液化苯酚应贮存于 −20 ℃，此时的苯酚呈结晶状态。从冰柜中取出的苯酚首先在室温下放置使其达到室温，然后在 68 ℃ 水浴中使苯酚充分融解。

（2）加入羟基喹啉（8 – Quinolinol）至终浓度 0.1%。该化合物是一种还原剂、RNA 酶的不完全抑制剂及金属离子的弱螯合剂，同时因其呈黄色，有助于方便识别有机相。

（3）加入等体积的 1 mol/L Tris-HCl（pH 8.0），使用磁力搅拌器搅拌 15 min，静置使其充分分层后，除去上层水相。

（4）重复操作步骤（3）。

（5）加入等体积的 0.1 mol/L Tris-HCl（pH 8.0），使用磁力搅拌器搅拌 15 min，静置使其充分分层后，除去上层水相。

（6）重复操作步骤（5），稍微残留部分上层水相。

（7）使用 pH 试纸确认有机相的 pH 值大于 7.8。

（8）将苯酚置于棕色玻璃瓶中 4 ℃ 避光保存。

注意：苯酚腐蚀性极强，并可引起严重灼伤，操作时应戴手套及防护镜等。所有操作均应在通风橱中进行，与苯酚接触过的皮肤部位应用大量水清洗，并用肥皂和水洗涤，忌用乙醇。

8. 苯酚/氯仿/异戊醇（25∶24∶1）

将 Tris-HCl 平衡苯酚与等体积的氯仿/异戊醇（24∶1）混合均匀后，移入棕色玻璃瓶中 4 ℃ 保存。

说明：从核酸样品中除去蛋白质时常常使用苯酚/氯仿/异戊醇（25∶24∶1）。氯仿可使蛋白质变性并有助于液相与有机相的分离，而异戊醇则有助于消除抽提过程中出现的气泡。

9. 10%（W/V）SDS（100 mL）

称量 10 g 高纯度的 SDS 置于 200 mL 烧杯中，加入约 80 mL 的去离子水，68 ℃ 加热溶解。滴加浓盐酸调节 pH 值至 7.2。将溶液定容至 100 mL。室温保存。

10. 2 mol/L 氢氧化钠（100 mL）

量取 80 mL 去离子水置于 100～200 mL 塑料烧杯中（氢氧化钠溶解过程中大量放热，有可能使玻璃烧杯炸裂）。称取 8 g 氢氧化钠小心地逐渐加入到烧杯中，边加边搅拌。待氢氧化钠完全溶解后，用去离子水将溶液体积定容至 100 mL。将溶液转移至塑料容器中后，室温保存。

11. 10 mol/L 醋酸铵（100 mL）

称量 77.1 g 醋酸铵置于 100～200 mL 烧杯中，加入约 30 mL 的去离子水搅拌溶解。加去离子水将溶液定容至 100 mL。使用 0.22 μm 滤膜过滤除菌。密封瓶口于室温保存。

注意：醋酸铵受热易分解，所以不能高温高压灭菌。

12. 5 mol/L 氯化钠（1L）

称取 292.2 g 氯化钠置于 1 L 烧杯中，加入约 800 mL 的去离子水后搅拌溶解。加去离子水将溶液定容至 1 L 后，适量分成小份。高温高压灭菌后，4 ℃ 保存。

13. 20%（W/V）Glucose（100 mL）

称取 20 g Glucose 置于 100～200 mL 烧杯中，加入约 80 mL 的去离子水后，搅拌溶解。加去离子水将溶液定容至 100 mL。高温高压灭菌后，4 ℃ 保存。

14. 溶液 I（质粒提取用）（1 L）

组分浓度：25 mmol/L Tris-HCl（pH 8.0），10 mmol/L EDTA，50 mmol/L Glucose。

量取 1 mol/L Tris-HCl（pH 8.0）25 mL，0.5 mol/L EDTA（pH 8.0）20 mL，20%（W/V）Glucose（1.11mol/L）45 mL，置于 1 L 烧杯中，加 910 mL 去离子水将溶液定容至 1 L。高温高压灭菌后，4 ℃ 保存。使用前每 50 mL 的溶液 I 中加入 2 mL 的 RNA 酶 A（20 mg/mL）。

15. 溶液 Ⅱ（质粒提取用）（500 mL）

组分浓度：200 mmol/L 氢氧化钠，1%（W/V）SDS。

量取 10% SDS 50 mL，2 mol/L 氢氧化钠 50 mL，加去离子水将溶液定容至 500 mL，充分混匀。室温保存。此溶液保存时间最好不要超过一个月。

注意：SDS 易产生气泡，不要剧烈搅拌。

16. 溶液 Ⅲ（质粒提取用）（500 mL）

组分浓度：3 mol/L KOAc，5 mol/L CH_3COOH。

称量醋酸钾 147 g，醋酸 57.5 mL，置于 500 mL 烧杯中。加入 300 mL 去离子水后搅拌溶解。加去离子水将溶液定容至 500 mL。高温高压灭菌后，4 ℃保存。

17. 1 mol/L DTT（20 mL）

称取 3.09 g DTT，加入到 50 mL 塑料离心管内。加 20 mL 的 0.01 mol/L 醋酸钠（pH 5.2），溶解后使用 0.22 μm 滤器过滤除菌。适量分成小份后，−20 ℃保存。

18. 10 mmol/L ATP（20 mL）

称取 121 mg $Na_2ATP \cdot 3H_2O$，加入到 50 mL 塑料离心管内。加 20 mL 的 25 mmol/L Tris-HCl（pH 8.0），搅拌溶解。适量分成小份后，−20 ℃保存。

附录二

核酸电泳相关试剂、缓冲液的配制方法

1. 50×TAE 缓冲液（pH 8.5）（1 L）

组分浓度：2 mol/L Tris-醋酸，100 mmol/L EDTA。

称量 242 g Tris，37.2 g $Na_2EDTA \cdot 2H_2O$ 置于 1 L 烧杯中。向烧杯中加入约 800 mL 的去离子水，搅拌溶解。加入 57.1 mL 的醋酸，充分搅拌。加去离子水将溶液定容至 1 L，高温高压灭菌后，室温保存。

2. 10×TBE 缓冲液（pH 8.3）（1 L）

组分浓度：890 mmol/L Tris-硼酸，20 mmol/L EDTA。

称量 108 g Tris，7.44 g $Na_2EDTA \cdot 2H_2O$，55 g 硼酸，置于 1 L 烧杯中。向烧杯中加入约 800 mL 的去离子水，搅拌溶解。加去离子水将溶液定容至 1 L，高温高压灭菌后，室温保存。

3. 10×MOPS 缓冲液（RNA 变性电泳用）（1 L）

组分浓度：200 mmol/L MOPS，20 mmol/L 醋酸钠，10 mmol/L EDTA。

称量 41.8 g MOPS，置于 1 L 烧杯中。加约 700 mL DEPC 处理水，搅拌溶解。使用 2 mol/L 氢氧化钠调节 pH 值至 7.0。再向溶液中加入 20 mL 的 1 mol/L 醋酸钠，20 mL 的 0.5 mol/L EDTA（pH 8.0）（DEPC 处理）。用 DEPC 处理水将溶液定容至 1 L，用 0.45 μm 滤膜过滤除去杂质，室温避光保存。

注意：溶液见光或高温灭菌后会变黄。变黄时也可使用，但变黑时不要使用。

4. 10 mg/mL 溴乙锭（100 mL）

称量 1 g 溴乙锭，加入到 200 mL 容器中。加入去离子水 100 mL，充分搅拌数小时完全溶解溴乙锭。将溶液转移至棕色瓶中，室温避光保存。溴乙锭的工作浓度为 0.5 mg/mL。

注意：溴乙锭是一种致癌物质，必须小心操作。

5. 6×上样缓冲液（DNA 电泳用）（500 mL）

组分浓度：30 mmol/L EDTA，36%（*V/V*）甘油（Glycerol），0.05%（*W/V*）二甲苯睛（Xylene Cyanol FF），0.05%（*W/V*）溴酚蓝（Bromophenol Blue）。

称量 4.4 g EDTA，250 mg 溴酚蓝以及 250 mg 二甲苯睛，置于 500 mL 烧杯中。加约

200 mL 去离子水，加热搅拌溶解。加入 180 mL 甘油后，用氢氧化钠调节 pH 值至 7.0。加去离子水定容至 500 mL，室温保存。

6. 10×上样缓冲液（RNA 电泳用）（10 mL）

组分浓度：10 mmol/L EDTA，50%（*V/V*）甘油，0.25%（*W/V*）二甲苯腈蓝，0.25%（*W/V*）溴酚蓝。

称量 0.5 mol/L EDTA（pH 8.0）200 μL，25 mg 溴酚蓝以及 25 mg 二甲苯腈蓝，置于 10 mL 离心管中。向离心管中加入约 4 mL 的 DEPC 处理水后，充分搅拌溶解，然后加入 5 mL 的甘油，充分混匀。用 DEPC 处理水定容至 10 mL 后，室温保存。

▶ 附录三

核酸、蛋白质杂交用相关试剂、缓冲液的配制方法

1. 20×SSC（1 L）

组分浓度：3.0 mol/L 氯化钠，0.3 mol/L 柠檬酸钠。

称量 175.3 g 氯化钠，88.2g 柠檬酸钠置于 1 L 烧杯中。向烧杯中加入约 800 mL 的去离子水，充分搅拌溶解。滴加 14 N HCl，调节 pH 值至 7.0 后，加去离子水将溶液定容至 1 L。高温高压灭菌后，室温保存。

2. 50×Denhardt 溶液（500 mL）

组分浓度：1%（W/V）Ficoll 400，1%（W/V）聚乙烯吡咯烷酮（Poly-vinylpyrroli-done），1%（W/V）BSA。

称量 Ficoll 400、聚乙烯吡咯烷酮以及 BSA 各 5 g，置于 500 mL 烧杯中。加去离子水约 400 mL，充分搅拌溶解；加去离子水将溶液定容至 500 mL，用 0.45 μm 滤膜过滤后，分装成每份 25 mL，−20 ℃保存。

3. 0.5 mol/L 磷酸盐缓冲液（1 L）

组分浓度：0.5 mol/L 磷酸二氢钠。

称量 134 g 七水磷酸二氢钠置于 1 L 烧杯中。加入约 800 mL 的去离子水充分搅拌溶解。加入 85% 的浓磷酸调节溶液 pH 值至 7.2，加去离子水定容至 1 L，高温高压灭菌后，室温保存。

4. Salmon DNA 鲑鱼精 DNA（约 100 mL）

组分浓度：10 mg/mL Salmon DNA。

称取鲑鱼精 DNA 2 g 置于 500 mL 烧杯中，加入约 200 mL 的 TE 缓冲液。用磁力搅拌器室温搅拌 2～4 h，溶解后加入 4 mL 的 5 mol/L 氯化钠，使其终浓度为 0.1 mol/L。用苯酚和苯酚/氯仿各抽提 1 次。回收水相溶液后，使用 17 号皮下注射针头快速吸打溶液约 20 次，以切断 DNA。加入 2 倍体积的预冷乙醇进行乙醇沉淀。离心回收 DNA 后，溶解于 100 mL 的去离子水中，测定溶液的 OD_{260} 值。计算溶液的 DNA 浓度后，稀释 DNA 溶液至 10 mg/mL。

煮沸 10 min 后，分装成小份（1 mL/份），−20 ℃保存。使用前在沸水浴中加热 5 min 后，迅速冰浴冷却。

5. DNA 变性缓冲液（1 L）

组分浓度：1.5 mol/L 氯化钠，0.5 mol/L 氢氧化钠。

称取 87.7 g 氯化钠，20 g 氢氧化钠置于 1 L 烧杯中。向烧杯中加入约 800 mL 的去离子水，充分搅拌溶解。加去离子水将溶液定容至 1 L 后，室温保存。

6. 预杂交液/杂交液（DNA 杂交用）（100 mL）

组分浓度：6 × SSC，5 × Denhardt 溶液，0.5%（*W/V*）SDS，100 mg/mL Salmon DNA。

量取 30 mL 20 × SSC，10 mL 50 × Denhardt 溶液，5 mL 10% SDS 以及 1 mL 10 mg/mL 鲑鱼精 DNA 置于 200 mL 烧杯中，用约 54 mL 去离子水将溶液定容至 100 mL 后。充分混匀后，使用 0.45 μm 滤膜滤去杂质后使用。

7. 膜转移缓冲液（Western 杂交用）（1 L）

组分浓度：39 mmol/L 甘氢酸（Glycine），48 mmol/L Tris，0.037%（*W/V*）SDS，20%（*V/V*）甲醇。

称量 2.9 g 甘氢酸，5.8 g Tris 以及 0.37 g SDS，置于 1 L 烧杯中。向烧杯中加入约 600 mL 的去离子水，充分搅拌溶解，加去离子水将溶液定容至 800 mL 后，加入 200 mL 的甲醇，室温保存。

8. TBST 缓冲液（Western 杂交膜洗涤液）（1 L）

组分浓度：20 mmol/L Tris-HCl，150 mmol/L 氯化钠，0.05%（*V/V*）Tween 20。

称量 8.8 g 氯化钠，20 mL 1 mol/L Tris-HCl（pH 8.0）向烧杯中加入约 800 mL 的去离子水，充分搅拌溶解。加入 0.5 mL Tween 20 后充分混匀。加去离子水将溶液定容至 1 L 后，4 ℃保存。

9. 封闭缓冲液（Western 杂交用）（100 mL）

组分浓度：5%（*W/V*）脱脂奶粉/TBST 缓冲液。

称量 5 g 脱脂奶粉加入到 100 mL 的 TBST 缓冲液中，充分搅拌溶解，4 ℃保存待用（本封闭液最好现配现用）。

▶ 附录四

菌种的分离、纯化培养及保藏

从混杂的微生物群体中获得只含某一种或某一株微生物的过程称为菌种的分离与纯化，尤其平板上的单一菌落并不一定保证是一种菌，所以要进行纯培养。

1. 常用的分离、纯化方法

从混杂菌种分离单菌种有多种方法，本附录只介绍稀释涂布平板法：

（1）相应的固体培养基制备并倒平板，冷却待用；

（2）制备菌液稀释液：取 0.5 mL 菌液加入盛有 4.5 mL 无菌水或培养基的试管中，以此类推，制成不同稀释度；

（3）涂布：平板底面标记稀释度，然后用无菌吸管从最后 3 种稀释度，即从 10^{-4}、10^{-5} 和 10^{-6} 稀释度的试管中吸取 0.1 mL 对号放入平板上，用玻棒涂布；

（4）培养：于培养箱中倒置培养 1～2 天，待平板上长出菌落直径达到 2～4mm 左右；

（5）挑取单菌落，可以再进行平板划线分离，也可以转至斜面保存。检查菌落形态是否一致。

2. 几种常用的保藏方法

菌种的稳定是工程菌培养的基础。为了避免长期传代可能引起的菌种变异，应建立适合长期保藏的菌种库并进行保藏。菌种保藏的方法主要有固体斜面法、液体石蜡法、穿刺保藏法、冷冻干燥法和甘油冻存法等。

（1）斜面保藏法。

将菌种转接在适宜固体斜面培养基上，待其充分生长后，用牛皮纸将棉塞部分包扎好（棉塞换成胶塞效果更好），置 4 ℃ 冰箱中保存。

保藏时间依微生物的种类而定。霉菌、放线菌及芽孢菌保存 2～4 个月移种 1 次，酵母菌间隔 2 个月，普通细菌 1 个月，假单胞菌两周传代 1 次。

该法的优点是操作简单、使用方便，缺点是保藏时间短、易被污染。

（2）液体石蜡保藏法。

将无菌石蜡加在已长好菌的斜面上，其用量以高出斜面顶端 1 cm 为准，使菌种与空气隔绝，然后将试管直立，置低温或室温下保存。

此法实用且效果较好。霉菌、放线菌、芽孢菌可保藏两年以上，酵母菌可保藏 1～2 年，普通细菌也可保藏 1 年左右。

（3）穿刺保藏法。

取含有固体培养基的试管，用接种针刮取菌落在培养基中部刺入，置培养箱培养至菌体长出，用胶塞封严，置 4 ℃ 冰箱存放。

（4）甘油冻存法。

甘油冻存法适合于中、长期菌种保藏，保藏时间一般为 2～4 年左右。

①用火焰灭菌的接种环取菌种在抗性 LB 平皿上划线分离单菌落。

②平皿倒置于 37 ℃ 恒温培养箱，培养 12～24 h 至单菌落的大小为 1 mm 左右。

③挑取一个单菌落，接种于一个含 50 mL 抗性 LB 培养基的三角瓶中，37 ℃ 振荡培养 10～15 h，到菌密度为 1.0 – 1.5 OD$_{600}$。

④按 30% 甘油：菌液（V/V）为 1∶1 的量加入无菌甘油，混合后分装到事先灭菌的菌种保存管（1～2 mL/管），-20 ℃ 或 -80 ℃ 或液氮中保存。

附录五

各种抗生素的贮存溶液及其工作浓度

附表 5 - 1　常用抗生素组分

抗生素	储存液 *		工作浓度	
	浓度	保存	严紧型质粒	松弛型质粒
氨苄青霉素 Ampicilin	50 mg/mL（溶于水）	−20 ℃	20 μg/mL	60 μg/mL
羧苄青霉 Carbenicillin	50 mg/mL（溶于水）	−20 ℃	20 μg/mL	60 μg/mL
氯霉素 Chloramphenicol **	34 mg/mL（溶于乙醇）	−20 ℃	25 μg/mL	170 μg/mL
卡那霉素 Kanamycin	10 mg/mL（溶于水）	−20 ℃	10 μg/mL	50 μg/mL
链霉素 Streptomycin	10 mg/mL（溶于水）	−20 ℃	10 μg/mL	50 μg/mL
四环素 Tetracycline ***	5 mg/mL（溶于水）	−20 ℃	10 μg/mL	50 μg/mL

　　＊以水为溶剂的抗生素贮存液应通过 0.22 μm 滤器过滤除菌，而以乙醇为溶剂的抗生素溶液无须除菌处理。所有抗生素溶液均应保存于不透光的容器中（如 EP 管）。

　　＊＊氯霉素也可以通过高温高压灭菌。

　　＊＊＊镁离子是四环素的拮抗剂，四环素抗性菌的筛选应使用不含镁盐的培养基（如 LB 培养基）。

氨苄青霉素（Ampicillin）（100 mg/mL）（50 mL）的配法

　　称量 5 g 氨苄青霉素置于 50 mL 离心管中。加入 40 mL 灭菌水，充分混合溶解后，定容至 50 mL。用 0.22 μm 过滤膜过滤除菌。小份分装（1 mL/份）后，−20 ℃保存。

→ 附录六

实验室常用培养基的配制方法

1. LB 培养基（1 L）

组分浓度：1%（*W/V*）胰胨（Tryptone），0.5%（*W/V*）酵母提取物（Yeast Extract），1%（*W/V*）氯化钠。

称取下列试剂，置于 1 L 烧杯中：

Tryptone	10 g
Yeast Extract	5 g
氯化钠	10 g

加入约 800 mL 的去离子水，充分搅拌溶解。滴加 5 mol/L 氢氧化钠（约 0.2 mL），调节 pH 值至 7.0。加去离子水将培养基定容至 1 L。高温高压灭菌后，4 ℃保存。

2. LB/Amp 培养基（1 L）

组分浓度：1%（*W/V*）胰胨，0.5%（*W/V*）酵母提取物，1%（*W/V*）氯化钠，0.1 mg/mL 氨苄青霉素。

称取 10 g 胰胨，5 g 酵母提取物以及 10 g 氯化钠置于 1 L 烧杯中。加入约 800 mL 的去离子水，充分搅拌溶解。滴加 5 mol/L 氢氧化钠（约 0.2 mL），调节 pH 值至 7.0。加去离子水将培养基定容至 1 L。高温高压灭菌后，冷却至室温。加入 1 mL 氨苄青霉素（100 mg/mL）后均匀混合，4 ℃保存。

3. TB 培养基（1 L）

组分浓度：1.2%（*W/V*）胰胨，2.4%（*W/V*）酵母提取物，0.4%（*V/V*）甘油，17 mmol/L 磷酸二氢钾，72 mmol/L 磷酸氢二钾。

（1）配制磷酸盐缓冲液（0.17 mol/L 磷酸二氢钾，0.72 mol/L 磷酸氢二钾）100 mL：溶解 2.31 g 磷酸二氢钾和 12.54 g 磷酸氢二钾于 90 mL 的去离子水中，搅拌溶解后，加去离子水定容至 100 mL，高温高压灭菌。

（2）称取 12 g 胰胨，24 g 酵母提取物以及 4 mL Glycerol 置于 1 L 烧杯中，加入约 800 mL 的去离子水，充分搅拌溶解。加去离子水将培养基定容至 1 L 后，高温高压灭菌。待溶液冷却至 60 ℃以下，加入 100 mL 的上述灭菌磷酸盐缓冲液。4 ℃保存。

4. TB/Amp 培养基（1 L）

在加入磷酸盐缓冲液的 TB 培养基溶液中，加入 1 mL 氨苄青霉素（100 mg/mL）后均匀混合至终浓度为 0.1 mg/mL 氨苄青霉素。4 ℃保存。

5. SOB 培养基（1 L）

组分浓度：2%（W/V）胰胨，0.5%（W/V）酵母提取物，0.05%（V/V）氯化钠，2.5 mmol/L KCl，10 mmol/L 氯化镁。

（1）配制 250 mmol/L 氢氧化钾溶液：在 90 mL 的去离子水中溶解 1.86 g 氯化钾后，定容至 100 mL。

（2）配制 2 mol/L 氯化镁溶液：在 90 mL 去离子水中溶解 19 g 氯化镁后，定容至 100 mL，高温高压灭菌。

（3）称取 20 g 胰胨，5 g 酵母提取物以及 0.5 g 氯化钠置于 1 L 烧杯中。加入约 800 mL 的去离子水，充分搅拌溶解；量取 10 mL 的 250 mmol/L 氢氧化钾溶液，加入到烧杯中，滴加 5 mol/L 氢氧化钠溶液（约 0.2 mL），调节 pH 值至 7.0。加入去离子水将培养基定容至 1 L。高温高压灭菌后，4 ℃保存。使用前加入 5 mL 灭菌的 2 mol/L 氯化镁溶液。

6. SOC 培养基（100 mL）

组分浓度：2%（W/V）胰胨，0.5%（W/V）酵母提取物，0.05%（V/V）氯化钠，2.5 mmol/L 氯化钾，10 mmol/L 氯化镁，20 mmol/L 葡萄糖。

（1）配制 1 mol/L 葡萄糖溶液。将 18 g 葡萄糖溶于 90 mL 去离子水中，充分溶解后定容至 100 mL，用 0.22 μm 滤膜过滤除菌。

（2）向 100 mL SOB 培养基中加入除菌的 1 mol/L 葡萄糖溶液 2 mL，均匀混合，4 ℃下保存。

7. 2×YT 培养基（1 L）

组分浓度：1.6%（W/V）胰胨，1%（W/V）酵母提取物，0.5%（W/V）氯化钠。

称取 16 g 胰胨，10 g 酵母提取物，5 g 氯化钠置于 1 L 烧杯中。加入约 800 mL 的去离子水，充分搅拌溶解。滴加 5 mol/L 氢氧化钠，调节 pH 值至 7.0，加去离子水定容至 1 L，高温高压灭菌后，4 ℃保存。

8. YPD 培养基（1 L）

YPD 液体培养基：2% 蛋白胨，1% 酵母提取物，2% D-（+）-葡萄糖，分装后于 121 ℃高压灭菌 20 min。

YPD 固体培养基：2% 蛋白胨，1% 酵母提取物，2% D-（+）-葡萄糖，2% 琼脂粉，分装后于 121 ℃高压灭菌 20 min。

9. LB/Amp/X-Gal/IPTG 平板培养基（1 L）

按照液体培养基配方准备好液体培养基，在高温高压灭菌前，加入琼脂（Agar）15 g/L，至终浓度为 1.5%（W/V）。高温高压灭菌后，戴上手套取出培养基，摇动容器使琼脂或琼脂糖充分混匀（此时培养基温度很高，小心烫伤）。待培养基冷却至 50 ～ 60 ℃时，加入热不稳定物质（如抗生素等），摇动容器充分混匀。

组分浓度：除了 LB 平板培养基相应的营养物质外，热不稳定物质（如抗生素等）的终浓度分别为，0.1 mg/mL 氨苄青霉素，0.024 mg/mL IPTG，0.04 mg/mL X - Gal。

在高温高压灭菌后，冷却至 60 ℃左右的 1L 固体培养基中，分别加入 1 mL 氨苄青霉素（100 mg/mL）、1 mL IPTG（24 mg/mL）、2 mL X - Gal（20 mg/mL）后均匀混合。铺制平板（30 ～ 35 mL 培养基/90 mm 培养皿），4 ℃保存。

IPTG（Dioxane free）（Isopropyl - β - D - thiogalactopyranoside）是 β - 半乳糖苷酶活性的诱导物，基于这个特性，当 pUC 系列载体以 $lacZ$ 缺欠细胞作为宿主进行转化时，或 M13 噬菌体载体 DNA 进行转染时，如果在培养基中加入 X - Gal 和 IPTG，由于 β - 半乳糖苷酶的 α - 互补性，可以根据是否呈现白色而方便地选择出基因重组体。另外，它还可以作为具有 lac 或 tac 等启动子的表达载体的表达诱导物使用。IPTG 通常用于检测作为 β - 半乳糖苷酶活性诱导物的生物活性。注意：因 IPTG 对各种载体的诱导活性有差异，所以，在进行大规模诱导培养时，请先进行小试实验。

IPTG（24 mg/mL）（50 mL）的配法：称量 1.2 g IPTG 置于 50 mL 离心管中。加入 40 mL 灭菌水，充分混合溶解后，定容至 50 mL，用 0.22 μm 过滤膜过滤除菌，小份分装（1 mL/份）后，-20 ℃保存。

5 - 溴 - 4 - 氯 - 3 - 吲哚 - β - D - 半乳糖苷（5 - Bromo - 4 - Chloro - 3 - Indolyl - β - D - Galactoside，X - Gal）是 β - 半乳糖苷酶的底物，水解后呈蓝色，基于这个特性，当 pUC 系列载体 DNA 以 $lacZ$ 缺欠细胞作为宿主进行转化时，或 M13 噬菌体载体 DNA 进行转染时，如果在培养基中加入 X - Gal 和 IPTG，由于 β - 半乳糖苷酶的 α - 互补性，可以根据是否呈现白色而方便地选择出基因重组体。X - Gal 也用于检测作为 β - 半乳糖苷酶底物的生物活性。

X - Gal（20 mg/mL）（50 mL）的配法：称量 1g X - Gal 置于 50 mL 离心管中。加入 40 mL DMF（二甲基甲酰胺），充分混合溶解后，定容至 50 mL，小份分装（1 mL/份）后，-20 ℃保存。

10. TB/Amp/X - Gal/IPTG 平板培养基（1 L）

组分浓度：除了 TB 平板培养基相应的营养物质外，热不稳定物质（如抗生素等）的终浓度分别为，0.1 mg/mL 氨苄青霉素，0.024 mg/mL IPTG，0.04 mg/mL X - Gal。

同上操作，在高温高压灭菌后，冷却至 60 ℃左右的 1 L 固体培养基中，加入 100 mL 的上述灭菌磷酸盐缓冲液、1 mL 氨苄青霉素（100 mg/mL）、1 mL IPTG（24 mg/mL）、2 mL X - Gal（20 mg/mL）后均匀混合。铺制平板（30 ～ 35 mL 培养基/90 mm 培养皿），4 ℃保存。

附录七

核酸和蛋白质的各种换算

1. 寡核苷酸（引物 DNA）1 OD_{260nm} 的摩尔数换算表：

碱基数/bp	平均重量/μg	平均分子量	平均摩尔数/nmol
5	33	1650	20.0
10	33	3300	10.0
15	33	4950	6.7
20	33	6600	5.0
25	33	8250	4.0
30	33	9900	3.3

如需算出寡核苷酸的具体数值，请使用各种碱基的吸光系数，按以下公式计算。

$$重量数(\mu g) = \frac{330(核苷酸平均分子量) \times 碱基数}{(15.2 \times A数) + (7.4 \times C数) + (11.5 \times G数) + (8.3 \times T数)}$$

$$摩尔数(\mu mol) = \frac{1}{(15.2 \times A数) + (7.4 \times C数) + (11.5 \times G数) + (8.3 \times T数)}$$

2. 核酸与蛋白质的相关换算

核酸：　ds DNA　　10 kb = 6.60×10^6 Dalton　　1 OD_{260nm} = 50 μg

　　　　ss DNA　　10 kb = 3.30×10^6 Dalton　　1 OD_{260nm} = 40 μg

　　　　RNA　　　10 kb = 3.45×10^6 Dalton　　1 OD_{260nm} = 40 μg

　　　　（dNMP 平均分子量为 330 Dalton，NMP 平均分子量为 345 Dalton）

蛋白质：　BSA：1 OD_{280nm} = 1.67 mg（1 mg/mL = 0.6 OD_{280nm}）

　　　　（氨基酸平均分子量为 110 Dalton）

核酸与蛋白质：1 kb RNA = 37 kDalton 蛋白，

　　　　　　　10 kDalton 蛋白 = 273 base RNA

▶ 附录八

部分实验设备等使用操作说明

1. 超净工作台的使用

超净工作台是细胞培养不可缺少的无菌操作装置。超净工作台的工作原理是利用鼓风机驱动空气通过高效滤器除去空气中的尘埃颗粒，使空气得到净化。净化的空气徐徐通过工作台面，使工作台内构成无菌环境。风速为 0.32 m/s，处理 40 min，工作台内即可形成高洁净的工作环境。工作台侧面配有紫外线杀菌灯，可杀死操作区台面的微生物。

超净台按气流方向的不同大致有 2 种类型：

（1）侧流式：净化的气流从左侧或右侧通过工作台面，流向对侧，也有从上往下或从下往上向对侧流动，它们都能形成气流屏障面保持台面无菌，它的缺点是：在净化气流和外边气体交界处，可因气流的流动出现负压，使少量的未净化气体混入，而造成污染。

（2）外流式：气流是面向操作人员的方向流动，从而保证外面的气体不能混入。它的缺点是：在进行有害物质实验时，对操作人员不利，但可采用有机玻璃把上半部遮挡起来，使气流经下方流出。

超净台使用注意事项：

（1）净化台宜安置在清洁房间（无菌室）内，尘土过多易致滤器阻塞，降低其净化作用，并影响高效滤器寿命。

（2）根据净化台周围环境的洁净程度，定期（2～3 个月）将粗涤纶滤布清洗或更换。

（3）定期（一般 1 周）对环境进行清扫和灭菌工作。经常用沾有酒精或丙酮等有机溶剂的纱布擦拭紫外线杀菌灯表面，保持其表面清洁，否则影响杀菌效果。

（4）净化台工作时，平均风速保持在 0.32～0.48 m/s 之间，电压调在 100 V 处。风速出厂前已调节好，不要随意转动调压器旋钮。若酒精灯火焰不动，说明风速未达到要求，加大电压后风速达不到 0.32 m/s 时，必须更换高效过滤器。

（5）使用前，超净台开紫外杀菌灯照射 15～20 min，可把操作过程中所需要使用的一些器材放进去一同进行紫外照射。

（6）使用完毕，将个人的物件拿走，并清理和清洁台面。

2. 转子的转速与相对离心力 RCF（g）间的换算关系

通常用如下公式表示：RCF（g）$= 1.118 \times 10^{-5} \, (r/\min)^2 \, r$

其中：RCF（g）：相对离心力；

　　　$r/\min$：转子的转速；

　　　r：离心半径，单位为 cm。

3. 消毒与灭菌

消毒：消灭病原菌和有害微生物的营养体。

灭菌：杀灭一切微生物的营养体、芽孢和孢子。

物理除（灭）菌方法：加热、过滤、辐射。

（1）干热法：火焰灼烧灭菌和热空气灭菌。利用加热使蛋白质变性的原理，与水的含量有关。火焰灼烧适用于接种环、接种针和金属用具如镊子等、试管口和瓶口、涂布用玻璃棒。热空气灭菌利用高温干燥空气（160～170℃）加热灭菌1～2 h，适用于玻璃器皿和培养皿等，当环境和细胞含水量越大，蛋白凝固越快。

注意事项：

①培养基、橡胶制品、塑料制品不能用此法；

②温度控制在＜180℃；

③物品不能太挤；

④温度降至70℃时才开箱门。

（2）湿热法：湿热中菌体吸水，蛋白质容易凝固，因蛋白质含水量增加，所需凝固温度降低；湿热的蒸气有潜热存在，所以效果比同温度下干热好。湿热法包括以下灭菌法。

①高压蒸汽灭菌法：使用设备为高压灭菌锅，适用于培养基、工作服、橡胶物品等的灭菌，也可用于玻璃器皿的灭菌，时间长短根据灭菌物品的种类和数量不同有所变化。使用时注意加水，将冷空气彻底排除，压力降为"0"时方可打开。

②常压蒸汽灭菌法：对于不宜用高压蒸汽灭菌的培养基如明胶培养基、牛乳培养基、含糖培养基等可采用此法。彻底灭菌则采用间歇灭菌方法。

③煮沸灭菌法：适用于注射器和解剖器皿灭菌，时间10～15 min。

④超高温杀菌法：135～150℃和2～8 s，适用于牛乳和其他液态食品。

（3）过滤除菌：

原理：介质在有压力时阻隔微生物。

适用范围：许多材料如血清、抗生素及糖溶液采用此法。

设备：蔡氏过滤器，滤膜过滤器。

优缺点：不破坏培养基成分，只适用少量滤液。需大量无菌空气以及净化工作台。

注意事项：压力适当；无菌条件下进行；防止渗透现象。

（4）辐射灭菌：

原理：紫外线波长在200～300 nm，具有杀菌作用，以265～266 nm杀菌力强。此段波长易被细胞中核酸吸收，可产生臭氧和过氧化氢。杀菌效力与强度和时间的乘积成正比。

缺点：穿透力不大，距照射物＜1.2 m为宜。

应用：无菌室、医院。

注意事项：对眼睛和皮肤有刺激作用。

（5）射线灭菌：γ射线，穿透力强，适用于堆积物品的灭菌。

化学除（灭）菌的方法：

用化学试剂抑制或杀灭微生物，主要破坏细菌代谢机能，如重金属离子、磺胺类药物及抗生素等。作用效果与药品的浓度高低、时间长短、微生物种类以及微生物所处的环境有关。常用化学杀菌剂有：乙醇、醋酸、石碳酸、福尔马林、升汞、高锰酸钾、新洁尔灭等。

附录九

限制性内切酶及其使用

1. 活性定义

限制酶的一个活性单位（1 U），原则上是在 50 μL 的反应液中，37 ℃ 的温度条件下，经过 1 h 反应，将 1 μg DNA 完全分解所需要的酶量。测定活性用的底物 DNA（通常用 λDNA）、温度、酶切最适缓冲液、以及酶在其他通用缓冲液中的相对活性各不相同。

2. 纯度检定

（1）过量酶切反应检定

在 1 μg 底物 DNA（通常用 λDNA）中加入过量的限制酶，反应 24 h，然后进行琼脂糖电泳，根据电泳图谱，判断酶中是否夹杂有非特异性核酸酶。

（2）基因组 DNA 分析

对指定的限制酶（在酶的分项介绍中标明）进行该项检测。在适当的细菌 DNA 底物中加入 20～150 U 的限制酶，反应 24 h，然后进行琼脂糖电泳，根据电泳图谱，确认酶中是否含有杂质。

（3）连接－再酶切检定

把底物 DNA 首先与 2～50 倍过量的酶反应，然后回收切断后的 DNA，把它溶解于 T4 DNA 连接酶的缓冲液中，加入适量的 T4 DNA 连接酶，在 16 ℃ 下反应 1 h 或 16～18 h，再回收 DNA 后，把它溶解于限制酶反应液中，用同样的限制酶再进行切断反应。通过以上的实验结果，可以判断是否存在连接酶抑制剂或磷酸酶以及核酸外切酶等杂质。

3. 限制酶使用注意事项

（1）甲基化的影响

如果限制酶识别序列中的碱基被甲基化，则根据被甲基化碱基的种类及位置的不同，有时会发生该 DNA 切不开的现象。大多数大肠杆菌都带有 2 种具有特异性识别位点的甲基化酶，即 dam 甲基化酶（$G^{6m}ATC$）和 dcm 甲基化酶（$C^{5m}CWGG$），因此，从这些大肠杆菌中提取的 DNA，该序列一般被甲基化。

另外，哺乳类由来的 DNA，大多受 CG 甲基化酶（^{5m}CG）的影响而被甲基化。

从带有 DNA 甲基化酶基因的宿主菌中制备的 DNA，其碱基的一部分已经被甲基化，因此即便使用能够识别、切断被甲基化部分的序列的限制酶，也几乎无法切断被甲基化的部分。被甲基化的部位，根据底物 DNA 及宿主种类的不同而不同。

在进行转化时，通常使用的菌株为 C600、HB101、JM109 等，因为都带有 dam、dcm 甲基化酶，所以使用这些菌株制备的 DNA 时，必须注意。另外，动物由来的 DNA，CG 序列多为 ^{5m}CG；植物由来的 DNA，CG 及 CNG 序列多为 ^{5m}CG 和 ^{5m}CNG。

（2）星号活性

根据反应条件的不同，限制酶可能会切断与原来识别序列不同的位点，这种不同于原有的特异性的活性，称为"星号活性"。

限制酶在一些特定条件下使用时，对于底物 DNA 的特异性可能降低。即可以把与原来识别的特定的 DNA 序列不同的碱基序列切断，这个现象叫星号活性。星号活性出现的频率，根据酶、底物 DNA、反应条件的不同而不同，可以说几乎所有的限制酶都具有星号活性。并且，它们除了识别序列的范围增大之外，还发现了在 DNA 的一条链上加入切口的单链切口活性，所以为了极力抑制星号活性，一般情况下，即使会降低反应性能，我们也提倡在低甘油浓度、中性 pH、高盐浓度条件下进行反应。

（3）部分分解

如果使用预计的限制酶对底物 DNA 进行作用，而未能完全将其切断，其原因除了上述两点和酶失活之外，DNA 的纯度、反应阻害物的影响、DNA 的种类等也有关系。特别是由于 DNA 种类不同，它们的大小，切点数也不同，达到完全分解时，所需要的酶量也不同，从这些数据中计算出的［完全分解 1 μg DNA 所需要的限制酶（预计量）与（实际量）］，也因限制酶的种类不同而有差别，这些差别被认为是酶同其识别位点周围的高级结构亲和程度而产生的。例如，限制酶 Nae I 在切断 pBR322 DNA 时，就有着非常难以切断的部位。另外，因反应液组成变化（如添加精胺），也可以使切断顺序发生变化。

（4）DNA 结合物质

限制酶切反应后进行电泳时，有时会发生电泳带无法确认、电泳带扩散、电泳带移动距离异常等问题，这是由于酶蛋白自身或其他杂蛋白与 DNA 结合在一起，使 DNA 没有进入电泳凝胶中，或 DNA 难以被溴乙锭染色而造成的。发生这些现象时，在试样中加入一些蛋白质变性剂（如 SDS，终浓度 0.1% 左右），便可改善电泳效果。

（5）其他

限制酶一般是在 −20 ℃ 下的保存温度保存，其保质期一般是在检定日以后的一年内，但几乎所有的限制酶在超过保质期后都不会急剧失活，因此购入后即使是经过长时间保存的酶（甚至是发生了冻结），大部分酶也不会急剧失活，还可以使用，但这些酶在使用前最好再测一次活性。

◤ 附录十

常用核酸及蛋白质分子量标准（分子量标准）

1. DNA 分子量标准 DL 2 000

DNA 分子量标准 DL2 000 由 DNA 片段 2 000 bp、1 000 bp、750 bp、500 bp、250 bp 以及 100 bp 组成，每次取 5 μL 电泳时，每条带的 DNA 量约为 50 ng。（附图 10 − 1）

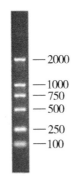

附图 10 − 1　DNA 分子量标准 DL2 000 在 3% 的琼脂糖电泳图

2. λ − *Hind* Ⅲ digest DNA 分子量标准

λ − *Hind* Ⅲ digest DNA 分子量标准是由 Bacteriophage 1857 Sam7 DNA 用 *Hind* Ⅲ 酶切反应后配制而成的。浓度为 50 ng/μL，内含 1 × 上样缓冲液，根据实验需要，每次取 5 ～ 20 μL 电泳。（附图 10 − 2）

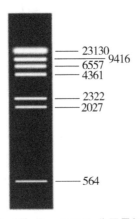

附图 10 − 2　λ − *Hind* Ⅲ digest DNA 分子量标准的琼脂糖电泳图

3. 100 bp DNA Ladder 分子量标准

100 bp DNA Ladder 分子量标准为已含有 1 × 上样缓冲液的 DNA 溶液，取 5 μL 直接电泳。100 bp DNA Ladder 分子量标准由 100～1 500 bp 的 DNA 片段组成，第一条带的 DNA 片段长度为 100 bp，在 100～1 000 bp 之间的每个 DNA 片段间相差 100 bp，另加有一条 1 500 bp 的 DNA 片段。每次取 5 μL 电泳时，每条带的 DNA 量约为 50 ng，其中 500 bp 的 DNA 片段量约为 150 ng，显示亮带。分子量标准梯度匀称清晰。（附图 10 – 3）

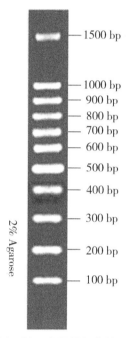

附图 10 – 3　100 bp DNA Ladder 分子量标准的 2% 琼脂糖凝胶电泳图示意

4. 1 kbp DNA Ladder 分子量标准

1 kbp DNA Ladder 分子量标准为已含有 1 × 上样缓冲液的 DNA 溶液，可取 5 μL 直接电泳，使用十分方便。1 kbp DNA Ladder 分子量标准由 DNA 片段 1 kbp、2 kbp、3 kbp、4 kbp、5 kbp、6 kbp、7 kbp、8 kbp、9 kbp、10 kbp 组成，共 10 条带。每次取 5 μL 电泳时，每条带的 DNA 量约为 50 ng，其中 4 kbp 的 DNA 片段量约为 150 ng，显示亮带。（附图 10 – 4）

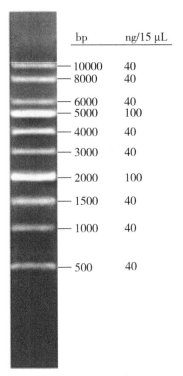

附图 10 - 4　1 kbp DNA Ladder 分子量标准在 0.7% 的琼脂糖电泳图像示意

5. 蛋白质分子量标准（低）

[Protein Molecular Weight 分子量标准（Low）] 是由 6 种纯化好的不同分子量的蛋白质组成的，它的分子量范围为 14.3 ～ 97.2 KDa。进行聚丙烯酰胺凝胶电泳时，经考马斯亮蓝 R - 250 染色后的各种蛋白质的条带强度均一。每微升本制品的蛋白量为 12 μg，稀释 20 倍，100 ℃ 加热处理 5 min，后进行聚丙烯酰胺凝胶电泳，每次取 5 μL 左右即可。（附表 10 - 1）

附表 10 - 1　制品中的各种蛋白质种类

蛋白种类	来源	MW/Da
磷酸酶 b	兔子肌肉	97 200
牛血清蛋白	牛	66 409
卵清蛋白	鸡蛋白	44 287
碳酸苷酶	牛	29 000
胰蛋白酶抑制剂	大豆	20 100
溶菌酶	鸡蛋白	14 300

15% 的聚丙烯酰胺凝胶电泳后，经考马斯亮蓝 R – 250 染色后的结果如附图 10 – 5。

注意：建议使用 10～15% 的聚丙烯酰胺凝胶。浓度太低时，低分子量的蛋白迁移速度快于溴酚蓝；浓度太高时，高分子量的蛋白分离效果不好，有可能聚集于分离胶的上部。

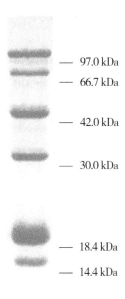

—— 97.0 kDa

—— 66.7 kDa

—— 42.0 kDa

—— 30.0 kDa

—— 18.4 kDa

—— 14.4 kDa

附图 10 – 5　聚丙烯酰胺凝胶电泳图

缩略语解析

Ampicillin, Amp	氨苄青霉素
Base pair, bp	碱基对
Complementary DNA, cDNA	互补 DNA
Kilobase, cDNA	千碱基对
Diethyl pyrocarbonate, DEPC	焦碳酸二乙酯
Ethidium bromide, EB	溴化乙锭
Escherichia coli, *E. coli*	大肠埃希氏菌
Thylene diaminetetraacetic acid, EDTA	乙二胺四乙酸
Expressed sequence tag, EST	表达序列标签
Minute, min	分钟
Second, s	秒
Messenger RNA, mRNA	信使 RNA
Open reading frame, ORF	开放阅读框
Polymerase chain reaction, PCR	多聚酶链式反应
RNA enzyme A, RNase A	核糖核酸酶 A，RNA 酶
Rapid amplification of cDNA ends, RACE	cDNA 末端快速扩增技术
Revolution per minute, r/min	每分钟转数
Growth hormone, GH	生长激素
Green fluorescence protein, GFP	绿色荧光蛋白
Acrylamide, Acr	丙烯酰胺
N, N'-methylene-bis-acrylamide, Bis	N, N'-亚甲叉丙烯酰胺
Bovine serum albumin, BSA	牛血清白蛋白
Calcium chloride, $CaCl_2$	氯化钙
Dithiothreitol, DTT	二硫苏糖醇
N-acetyl-glucosamine, GlcNAc	N - 乙酰葡萄糖胺
Glutathione-S-Transferase, GST	谷胱甘肽巯基转移酶
4- (2-Hydroxyerhyl) piperazine-1-erhanesulfonic acid, HEPES	4 - 羟乙基哌嗪丙磺酸
Hour, hr, h	小时
Iisoprophyl thio-β-D-galactoside, IPTG	异丙基硫代 - β - D - 半乳糖苷
kilo Dalton, kDa	千道尔顿
OD_{280}	波长 280nm 下的光密度值
OD600	波长 600nm 下的光密度值
Phosphate-buffered saline, PBS	磷酸盐缓冲液
Polyethylene glycol, PEG	聚乙二醇
Sodium dodecyl sulfate, SDS	十二烷基硫酸钠
SDS-polyacrylamide gel electrophoresis, SDS-PAGE	SDS - 聚丙烯酰胺凝胶电泳
Tris · Cl buffer solution, TBS	Tris 缓冲液
N, N, N'N'-tetramethylethylenediamine, TEMED	N, N, N'N' - 四甲基乙二胺
Tris- (hydroxymethyl) -aminomethane, Tris	三（羟甲基）氨基甲烷
Thioredoxin, TRX	硫氧还蛋白
Voltage, V	电压